ISSN 0044-2267

ZEITSCHRIFT FÜR ANGEWANDTE MATHEMATIK UND MECHANIK

INGENIEURWISSENSCHAFTLICHE FORSCHUNGSARBEITEN

BAND 60 1980 HEFT 3

AUS DEM INHALT

HAUPTAUFSÄTZE

AKADEMIE-VERLAG · BERLIN

ZAMM Bd. 60 Nr. 3 S. 129—176 Berlin, März 1980

EVP 18,— M 34115

INHALT

Hauptaufsätze

Kleine Mitteilungen

Wir bitten, **Manuskriptsendungen** zweifach (Original und eine Kopie, sprachlich einwandfrei, Formeln mit Maschine oder in Druckschrift geschrieben) an folgende Anschrift zu richten:

Zeitschrift für Angewandte Mathematik und Mechanik z. Hd. Herrn Prof. Dr. Günter Schmidt
Zentralinstitut für Mathematik und Mechanik an der Akademie der Wissenschaften der DDR
DDR-1080 Berlin, Mohrenstraße 39.

Zu den Arbeiten, die als Hauptaufsätze bestimmt sind, ist auf gesondertem Blatt eine Zusammenfassung von 5 bis 10 Zeilen in englischer und (möglichst) deutscher und russischer Sprache beizufügen. Ausführliche Hinweise für die Autoren, um deren strikte Berücksichtigung gebeten wird, finden sich im Anschluß an das Inhaltsverzeichnis des Jahrganges **59** (1979).

Die Autoren erhalten von den Hauptaufsätzen 75, von den Kleinen Mitteilungen 25 Sonderdrucke ohne Berechnung, darüber hinaus weitere Sonderdrucke gegen Berechnung.

Bestellungen sind zu richten

- **in der DDR** an den Postzeitungsvertrieb; an eine Buchhandlung oder an den AKADEMIE-VERLAG, DDR-1080 Berlin, Leipziger Str. 3—4
- **im sozialistischen Ausland** an eine Buchhandlung für fremdsprachige Literatur oder an den zuständigen Postzeitungsvertrieb
- **in der BRD und Westberlin** an eine Buchhandlung oder an die Auslieferungsstelle KUNST UND WISSEN, Erich Bieber, 7000 Stuttgart 1, Wilhelmstraße 4—6
- **in Österreich** an den Globus-Buchvertrieb, 1201 Wien, Höchstädtplatz 3
- **in den übrigen westeuropäischen Ländern** an eine Buchhandlung oder an die Auslieferungsstelle KUNST UND WISSEN, Erich Bieber GmbH, Ch-8008 Zürich/Schweiz, Dufourstraße 51
- **im übrigen Ausland** an den Internationalen Buch- und Zeitschriftenhandel; den Buchexport, Volkseigener Außenhandelsbetrieb der Deutschen Demokratischen Republik, DDR-7010 Leipzig, Postfach 160, oder an den AKADEMIE-VERLAG, DDR-1080 Berlin, Leipziger Straße 3—4

ZEITSCHRIFT FÜR ANGEWANDTE MATHEMATIK UND MECHANIK
Herausgeber und Chefredakteur: Prof. Dr. Günter Schmidt. Redaktion: Dr. Winfried Heinrich, Dr. Horst Weinert, Dipl.-Math. Friedhild Dudel, Helga Rühl, Zentralinstitut für Mathematik und Mechanik der Akademie der Wissenschaften der DDR. Verlag: Akademie-Verlag, DDR-1080 Berlin, Leipziger Straße 3—4; Fernruf: 2236221 oder 2236229 Telex-Nr.: 114420; Bank: Staatsbank der DDR, Berlin, Kto.-Nr.: 6836-26-20712. Anschrift der Redaktion: Zentralinstitut für Mathematik und Mechanik der Akademie der Wissenschaften, DDR-1080 Berlin, Mohrenstraße 39; Fernruf: 2000561.

Veröffentlicht unter der Lizenznummer 1282 des Presseamtes beim Vorsitzenden des Ministerrates der Deutschen Demokratischen Republik. Gesamtherstellung: VEB Druckerei „Thomas Müntzer", 5820 Bad Langensalza. Erscheinungsweise: Die Zeitschrift für Angewandte Mathematik und Mechanik erscheint monatlich. Die 12 Hefte eines Jahres einschließlich Tagungsheft bilden einen Band. Bezugspreis je Band 360,— M zuzüglich Versandspesen (Preis für die DDR 216,— M). Bezugspreis je Heft 30,— M (Preis für die DDR 18,— M). Bestellnummer dieses Heftes: 1009/60/3.

AN (EDV) 35937

ISSN 0044-2267

ZAMM 60, 129 – 136 (1980)

Claus Richter

Über Mehrschrittverfahren der nichtlinearen Optimierung

Die Aufgabe der nichtlinearen Optimierung wird in bekannter Weise als Variationsungleichung formuliert. Dadurch lassen sich Iterationsverfahren mit quadratischen Teilproblemen als Newton-Verfahren zur Lösung der Ungleichung interpretieren. Eine gegenüber Schwetlick leicht modifizierte Konsistenzforderung an die in der linearisierten Variationsungleichung auftretende Matrix ermöglicht es, die Verwendung von zweiten Ableitungen zu vermeiden und die quadratische Struktur der zu lösenden Teilprobleme zu erhalten. Die Variationsungleichung mit konsistenter Approximation der Matrix wird als speziell gestörte Variationsungleichung aufgefaßt. Unter Verwendung von Resultaten, die auf Robinson und Schwetlick zurückgehen, gelingt es, lokal überlineare Konvergenz nachzuweisen. Für spezielle vorgeschlagene Realisierungen werden konkrete Abschätzungen über das Konvergenzverhalten angegeben.

The problem of nonlinear programming is described in the well-known form of a variational inequality. In this way algorithms with quadratic subproblems can be interpreted as Newton methods for the numerical solution of variational inequalities. A slight modification of Schwetlick's concept of consistent multistep approximation concerning the matrix occurring in the linearized variational inequality makes it possible to avoid second order derivatives and to make use of the quadratic structure of the subproblems to be solved. The variational inequality with consistent approximation is regarded as a special perturbed variational inequality. Using results of Robinson and Schwetlick it is possible to prove a local superlinear rate of convergence. Precise estimates of the rate of convergence are given for special implementations of multistep approximations.

Задача нелинейного программирования формулируется обычным способом как вариационное неравенство. Таким образом можно рассматривать итерационные методы с кватратичными подзадачами как метод Ньютона для решения неравенства. Требование согласованности, слегка модифицированное по сравнению с Шветликом к матрице, возникающей в линеаризованном вариационном неравенстве, позволяет избегать использование второй производной и сохранять кватратичную структуру возникающих подзадач. Вариационное неравенство с согласованной аппроксимации матрицы рассматривается как по-особенному возмущенное вариационное неравенство. Используя результаты возходящие к Шветлику и Робинзону, удалось доказать локально сверхлинейную сходимость. Для некоторых частных реализаций метода даются конкретные оценки характера сходимости.

1. Einleitung

In den letzten Jahren wurden in der Literatur eine Reihe lokal überlinear konvergenter Verfahren zur Lösung nichtlinearer Optimierungsaufgaben angegeben. Insbesondere zählen hierzu Übertragungen des Newton-Verfahrens auf Minimierungsprobleme mit Nebenbedingungen, so z. B. das Verfahren von Levitin und Poljak ([3]), das Verfahren von Wilson ([9]) und die duale Wilson-Methode ([2]). Diese Verfahren beinhalten die Lösung quadratischer Teilprobleme in jedem Schritt und sind lokal quadratisch konvergent. Ihr Nachteil besteht in der notwendigen Bereitstellung von partiellen Ableitungen zweiter Ordnung.

In der vorliegenden Arbeit werden Möglichkeiten angegeben, dies zu umgehen. Dazu wird die Aufgabe der nichtlinearen Optimierung als Variationsungleichung

$$0 \in \Phi(z) + \partial\psi_K(z)$$

($\partial\psi_K(z)$ Subdifferential der Indikatorfunktion $\psi_K(z)$ bzgl. der Menge K) aufgefaßt. Anstelle der Linearisierung

$$0 \in \Phi(z^k) + \Phi_z(z^k)\,(z - z^k) + \partial\psi_K(z)\,,$$

die den genannten Verfahren zugrundeliegt, wird eine Variationsungleichung der Form

$$0 \in \Phi(z^k) + A(v^k)\,(z - z^k) + \partial\psi_K(z)$$

betrachtet. Die Matrix $A(v^k)$ stellt dabei, in einem etwas allgemeineren Sinne als bei Schwetlick [8] verwendet, eine *konsistente Approximation der Matrix* $\Phi_z(z^k)$ dar. Die Abänderung des Konsistenzbegriffs erweist sich als sinnvoll, weil damit die Struktur der zu lösenden Teilprobleme erhalten bleibt. Konvergenzuntersuchungen zu den sich ergebenden r-Schritt-Verfahren lassen sich auf der Grundlage der Ergebnisse von Robinson ([5]) durchführen. Sie stützen sich darauf, daß die verwendeten Approximationen spezielle gestörte Variationsungleichungen sind. Es lassen sich damit Aussagen verallgemeinern, die Robinson für das Wilson-Verfahren angibt. Die als Ergebnis vorliegenden Abschätzungen der Konvergenzgeschwindigkeit bei streng konsistenten Approximationen gehen über die Resultate hinaus, welche durch Garcia-Palomares und Mangasarian in [1] formuliert wurden. Außerdem ist die Übertragung auf andere Variationsungleichungen offensichtlich.

2. Optimalitätsbedingungen als verallgemeinerte Variationsungleichungen

Lösungen der nichtlinearen Optimierungsaufgabe

$$f(x) = \min!$$

bei (1)

$$x \in G = \{x : g_i(x) \leqq 0 \ (i = 1, \dots, m)\}$$

mit stetig differenzierbaren und konvexen Funktionen $f(x)$ und $g_i(x)$ sowie erfüllter Slater-Bedingung für G lassen sich auf unterschiedliche Weise charakterisieren:

A) Ein Vektor x^* ist genau dann Lösung der Aufgabe (1), wenn 1. $x^* \in G$ und

$$2.\ f'(x^*)^\mathsf{T}(x - x^*) \geqq 0 \quad \text{für alle} \quad x \in G \tag{2}$$

gilt.

B) Ein Vektor x^* ist genau dann Lösung der Aufgabe (1), wenn ein Vektor u^* existiert, so daß die Bedingungen

$$\begin{aligned} &1.\ u_i^* \geqq 0 \quad (i = 1, \dots, m); && 2.\ g_i(x^*) \leqq 0 \quad (i = 1, \dots, m); \\ &3.\ f'(x^*) + \sum_{i=1}^m u_i^* g_i'(x^*) = 0; && 4.\ u_i^* g_i(x^*) = 0 \quad (i = 1, \dots, m) \end{aligned} \tag{3}$$

erfüllt sind. Der Vektor $z^* = (x^*, u^*)$ heißt Kuhn-Tucker-*Punkt* der Aufgabe (1).

Eine weitere Möglichkeit der Charakterisierung ergibt sich aus der Betrachtung der zu (1) gehörenden dualen Aufgabe

$$D(u) = f(\bar{x}) + \sum_{i=1}^m u_i g_i(\bar{x}) = \max!$$

bei

$$\bar{x} = \operatorname*{argmin}_{x \in R^n} L(x, u)\,. \tag{4}$$

C) Ein Punkt u^* ist Optimallösung der Aufgabe (4), wenn ein Punkt $x^* = \operatorname*{argmin}_{x \in R^n} L(x, u^*)$ existiert, so daß gilt

$$1.\ u_i^* \geqq 0\,, \quad (i = 1, \dots, m); \qquad 2.\ g_i(x^*) \leqq 0\,, \quad (i = 1, \dots, m); \qquad 3.\ u^{*\mathsf{T}} g(x^*) = 0\,. \tag{5}$$

Der Punkt x^* ist dann *Lösung* der Aufgabe (1).

Formalisiert man die angegebenen Optimalitätskriterien, so ergibt sich

Satz 1: *Die Optimalitätskriterien* A, B *und* C *besitzen die Form einer verallgemeinerten Variationsungleichung: Gesucht ist ein Punkt* z^*, *so daß*

$$z^* \in K\,, \qquad \Phi(z^*)^\mathsf{T}(z - z^*) \geqq 0 \quad \textit{für alle} \quad z \in K \tag{6}$$

gilt.

Beweis:

Für Kriterium A ist die Behauptung mit

$$z^* = x^*\,, \qquad z = x\,, \qquad \Phi(z^*) = f'(x^*) \quad \text{und} \quad K = G \tag{7}$$

evident.

Für Kriterium B ergibt sich der Sachverhalt, wenn man

$$z^* = (x^*, u^*)\,, \qquad z = (x, u)\,, \qquad \Phi(z) = (L_x, -L_u) \quad \text{und} \quad K = R^n \times R_+^m \tag{8}$$

setzt.

Die Darstellung des Kriteriums C als verallgemeinerte Variationsungleichung vergegenwärtigt man sich, indem man $z^* = u^*$, $z = u$ und $\Phi(z) = -D_u(u)$ mit

$$D(u) = \inf \left(f(x) + \sum_{i=1}^m u_i g_i(x) \right) \tag{9}$$

wählt und berücksichtigt, daß $D_u(u) = (g_1(\bar{x}), \dots, g_m(\bar{x}))^\mathsf{T}$ gilt.

Bemerkung 1: Eine entsprechende Darstellung mit Hilfe verallgemeinerter Variationsungleichungen ist in [6] angegeben.

Verwendet man das Subdifferential

$$\partial \psi_K(z) = \begin{Bmatrix} w : \psi_K(\tilde{z}) \geqq \psi_K(z) + w^\mathsf{T}(\tilde{z} - z) & \text{für alle} \quad \tilde{z} \in K \\ \emptyset \quad z \notin K & \end{Bmatrix} \quad \text{für} \quad z \in K \tag{10.1}$$

der Indikatorfunktion

$$\psi_K(z) = \begin{cases} 0 & \text{für} \quad z \in K \\ +\infty & \text{für} \quad z \notin K\,, \end{cases} \tag{10.2}$$

so läßt sich die Variationsungleichung in der Form

$$0 \in \Phi(z^*) + \partial \psi_K(z^*) \tag{11}$$

schreiben.

3. Robinsons Zugang

Robinson untersucht die Lösung der Aufgabe (11) in Abhängigkeit von kleinen Störungen des Arguments. Dazu wird ein normierter Vektorraum V von Störungen v eingeführt und die Aufgabe (11) durch die Aufgabe

$$0 \in \Phi(z, v) + \partial \psi_K(z) \tag{12}$$

mit $\Phi(z, v)\colon R^q \times V \to R^q$ ersetzt.

Mit der Linearisierung von $\Phi(z, v)$ in bezug auf z

$$L\Phi_z(.) = \Phi(z, v) + \Phi_z(z, v)\,\big((.) - z\big)$$

und der Menge

$$Z(A, a) = \{z \in R^q : 0 \in Az + a + \partial\psi_K(z);\ A - q \times q\text{-Matrix},\ a \in R^q\} \tag{13}$$

wird die folgende Voraussetzung (V1) an die Funktion $\Phi(z, v)$ formuliert:

Definition 1: Die Funktion $\Phi(z, v)$ *erfüllt* in einem festen Punkt $v^* \in V$ *die Voraussetzung* (V1), wenn eine positiv semidefinite Matrix A^* ein Punkt $a^* \in R^q$ und eine nichtleere und kompakte Menge $z^* \subset Rq$ derart existiert, daß

1. fur alle $z^* \in Z^* L\Phi_z(.) = A^*(.) + a^*$ gilt,
2. $Z^* = Z(A^*, a^*)$ ist und
3. für eine Umgebung des Nullpunktes gilt:

$$t \in U(0) \Rightarrow \{z: 0 \in A^*z + a^* + \partial\psi_K(z)\} \subset \{z: t \in A^*z + a^* + \partial\psi_K(z)\} + L\,\|E\|\,B\,(L > 0).$$

Über die zu fester Zahl $\delta > 0$ und vorgegebener Umgebung $U(v^*)$ erklärte lokale Lösungsmenge

$$S(v) = \begin{cases} z \in Z^* + \delta B : 0 \in \Phi(z, v) + \partial\psi_K(z) & \text{fur } v \in U(v^*) \\ \emptyset & \text{für } v \notin U(v^*) \end{cases} \tag{14}$$

(B Einheitskugel des R^q) wird in [5] der folgende Satz bewiesen:

Satz 2:

Voraussetzungen: *Es sei V der Raum der Störungen und N eine offene Teilmenge des R^q. Die Funktion $\Phi(z, v)$: $N \times V \to R^q$ sei stetig und bzgl. des ersten Arguments stetig differenzierbar. Sie erfülle die Voraussetzung* (V1).

Behauptung: *Dann existiert zu $v^* \in V$ eine Zahl $\delta > 0$ und eine Umgebung $U(v^*)$, so daß für die lokale Lösungsmenge $S(v)$ gilt:*

(i): *S ist eine oberhalbstetige Abbildung $S : U \to Y$* (Y Raum aller abgeschlossenen Teilmengen des R^q, versehen mit der HAUSDORFF-Metrik).

(ii): *Es ist $S(v^*) = Z^*$ und* (15)

(iii): *es existiert eine ε-Umgebung $U_\varepsilon(v^*)$, so daß für alle $v \in U_\varepsilon(v^*)$ die Beziehung*

$$\emptyset \neq S(v) \subset S(v^*) + (\lambda + \varepsilon)\,\alpha_0(v) B \tag{16}$$

erfullt ist, Hierbei wird λ derart gewählt, daß mit $T = \big(A(\cdot) + a + \partial\psi_K(\cdot)\big)^{-1}$ für ein Element t aus der Umgebung des Ursprungs $T(t) \subset T(0) + \lambda\,\|t\|\,B$ gilt.

Bemerkung 2: Wählt man die Störungen v^* derart, daß $S(v^*)$ mit der Lösung der Ausgangsaufgabe zusammenfällt, so ergibt sich aus Satz 2 gerade der Zusammenhang der Aufgabe (11) mit der Aufgabe (12).

In Umkehrung der Darstellung der Aufgabe (1) als Variationsungleichung (11) ist man bestrebt, der gestörten Variationsungleichung (12) eine *gestörte Optimierungsaufgabe*

$$f(x, v) = \min!$$

bei (17)

$$g_i(x, v) \leqq 0$$

zuzuordnen und durch geeignete Wahl der Störung zu erreichen, daß die Aufgabe (17) einfacher zu behandeln ist, als das Ausgangsproblem.

Bei vorgegebenem v^0 erhält man dann im k-ten Schritt der Iteration ($k \geqq 0$) durch Lösung der Aufgabe (17) die Iterierte z^{k+1}, welche zur Konstruktion der Störung v^{k+1} herangezogen wird.

4. Wahl der Störungen

Durch unterschiedliche Wahl des Störungsraumes V und der Gestalt der Funktion $\Phi(z, v)$ lassen sich verschiedene Verfahren der nichtlinearen Optimierung realisieren. Zur Verdeutlichung sei die Übertragung des NEWTON-Verfahrens zur Lösung nichtlinearer Optimierungsaufgaben betrachtet. Dazu wird bei der Konstruktion der Näherungsaufgabe (12) das gleiche Linearisierungsprinzip verwendet, wie es durch das NEWTON-Verfahren zur Lösung nichtlinearer Gleichungen bekannt ist. Man setzt $V = R^q$, $v^k = z^k$ und

$$\Phi(z, v) = \Phi(v) + \Phi_z(v)\,(z - v)\,, \tag{18}$$

woraus sich ergibt:

1. Aus Kriterium A: Das Verfahren von LEVITIN und POLJAK

$$f(x^k) + f'(x^k)^T (x - x^k) + 1/2(x - x^k)^T f''(x^k)(x - x^k) = \min! \quad \text{bei } x \in G; \tag{19.1}$$

2. Aus Kriterium B: Das WILSON-Verfahren

$$f(x^k) + f'(x^k)^T (x - x^k) + 1/2(x - x^k)^T L_{xx}(z^k)(x - x^k) = \min! \quad \text{bei } g_i(x^k) + g_i'(x^k)^T (x - x^k) \leqq 0\ (i = 1, \dots, m); \tag{19.2}$$

3. Aus Kriterium C: Das duale WILSON-Verfahren

$$D(u^k) + D_u(u^k)^T (u - u^k) + 1/2(u - u^k)^T D_{uu}(u^k) (u - u^k) = \min! \quad \text{bei } u \in R^m_+ \tag{19.3}$$

Auf die Konvergenz der angeführten Verfahren wird im folgenden noch eingegangen.

5. Mehrschrittverfahren

Durch geeignete Wahl des Störungsraums V und der gestörten Funktion $\Phi(z, v)$ läßt sich die Verwendung zweiter Ableitungen in den quadratischen Teilproblemen (19.1), (19.2) und (19.3) umgehen.

Diese für die numerische Realisierung überaus wichtige Tatsache resultiert daraus, daß es möglich ist, die Matrix $\Phi_z(z)$ durch eine Matrix $A(v)$ zu approximieren, indem man auf geeignete Gradientendifferenzen zurückgreift. Um eine entsprechende Vorgehensweise aus der Theorie der nichtlinearen Gleichungen (vgl. z. B. SCHWETLICK [8]) zu übertragen, wird der Begriff der konsistenten r-Schritt-Approximation gegenüber [8] leicht abgeändert. Sei Φ eine auf der offenen Menge $D \subset R^q$ erklärte Abbildung mit Werten in R^q, welche die Eigenschaft besitzt, auf $D_0 \subset D$ differenzierbar zu sein und bezeichne weiter $D_h = [R^s]^r$ eine Menge von r-Tupeln s-dimensionaler Vektoren. Ist dann $p^r \in R^q$, $p^i \in R^{q_1}$ $(q_1 \leqq q)$, $(i = 1, \dots, r-1)$, $z = (\bar{z}, \bar{\bar{z}})$ mit $\bar{z} \in R^{q_1}$ und $D_p = D_0 \times [\bar{D}_0]^{r-1}$ mit $\bar{D}_0 = \{\bar{z} : z \in D_0\}$ und $\bar{D}_0 \subset R^{q_1}$, so mögen konsistente r-Schritt-Approximationen in folgender Weise erklärt sein:

Definition 2: Eine Folge $\{A_k\}$ heißt *Folge von r-Schritt-Approximationen* für Φ_z auf D_0, wenn $0 = (0, \dots, 0) \in [R^s]^r$ ein Häufungspunkt von D_h ist. Existiert darüber hinaus zu jedem $\varepsilon > 0$ ein $\delta = \delta(\varepsilon)$, so daß

$$\|A_k(p^r, \dots, p^1; h^r, \dots, h^1) - \Phi_z(z)\| \leqq \varepsilon \tag{20}$$

ist für alle $(p^r, \dots, p^1) \in D_p$, für alle $(h^r, \dots, h^1) \in D_h$ und alle $z \in D_0$ mit

$$\|z - p^r\| \leqq \delta, \quad \|\bar{z} - p^i\| \leqq \delta \quad (i = 1, \dots, r-1) \quad \text{und} \quad \|h^i\| \leqq \delta \quad (i = 1, \dots, r) \tag{21}$$

unabhängig von k, dann heißt $\{A_k\}$ *konsistent auf* D_0.

Gibt es sogar positive Konstanten A, B, R und H, so daß für alle $(p^r, \dots, p^1) \in D_p$, alle $(h^r, \dots, h^1) \in D_h$ und alle $z \in D_0$ mit

$$\|z - p^r\| \leqq R, \quad \|\bar{z} - p^i\| \leqq R \quad (i = 1, \dots, r-1) \quad \text{und} \quad \|h^i\| \leqq H (i = 1, \dots, r) \tag{22}$$

die Ungleichung

$$\|A_k(p^r, \dots, p^1; h^r, \dots, h^1) - \Phi_z(z)\| \leqq \sum_{i=1}^{r-1} A \|p^i - \bar{z}\| + \sum_{i=1}^{r} B \|h^i\| + A \|p^r - z\| \tag{23}$$

unabhängig von k gilt, so heißt $\{A_k\}$ *streng konsistent.*

Mit Hilfe des soeben eingeführten Begriffes läßt sich ein r-Schritt-Verfahren zur Lösung der verallgemeinerten Variationsungleichung (11) angeben.

Definition 3: Sei $A_k : D_h \times D_h \to L(R^n)$ eine Folge von r-Schritt-Approximationen für $\Phi_z(z)$ auf D_0, und die Folge $\{h^k\} \subset R^s$ erfülle die Bedingung $(h^k, h^{k-1}, \dots, h^{k-r+1}) \in D_h$ für $k \geqq r$. Dann heißt

$$0 \in \Phi(p^k) + \dot{A}^k(p^k, \dots, p^{k-r+1}; h^k, \dots, h^{k-r+1}) (z - p^k) + \partial\psi_K(z) \tag{24}$$

bei vorgegebenen Startwerten $p^k = z^k, p^{k-1}, \dots, p^0$ *das durch* $\{h^k\}$ *und* $\{A^k\}$ *erzeugte r-Schritt-Verfahren.*

Bemerkung 3: Ersichtlich sind für $q = q_1$ die angegebenen Definitionen mit den bei SCHWETLICK [8] bereitgestellten identisch. Die Abänderungen erweisen sich deshalb als sinnvoll, weil für (19.2) Approximationen interessieren, die wiederum auf die Lösung quadratischer Teilprobleme in jedem Schritt führen.

Zur Illustration mögen folgende Beispiele für r-Schritt-Approximationen dienen, in denen auf die spezielle Gestalt der Funktion $\Phi(z)$ aus den Beispielen 19.1., 19.2. und 19.3. Bezug genommen wird.

Beispiel 1: $(r = s = q = q_1 = n)$

Sei $\Phi(z) = f'(x)$ auf der offenen Menge D stetig differenzierbar, und es sei D_0 eine kompakte Teilmenge von D. Dann gibt es ein $\varrho > 0$, so daß die mit

$$D_h = \{(h^n, \dots, h^1) \in [R^n]^n : 0 < \|h^i\| \leqq \varrho \ (i = 1, \dots, n), |\det (h^n/\|h^n\|, \dots, h^1/\|h^1\|)| \geqq \omega, 0 < \omega \leqq 1 \text{ fest}\},$$
$$D_p = [D_0]^n \quad \text{für} \quad (p^n, \dots, p^1; h^n, \dots, h^1)$$

definierte Abbildung

$$\big(A(p^n, \dots, p^1; h^n, \dots, h^1)\big) h^i = f'(p^i) - f'(p^i - h^i) \quad (i = 1, \dots, n) \tag{25}$$

eine konsistente Approximation von $f''(x)$ ist. Für eine auf D LIPSCHITZ-stetige Funktion $f'(x)$ ist A sogar streng konsistent auf D_0.

Dieser Sachverhalt ergibt sich als eine unmittelbare Übertragung des für die unbeschränkte Aufgabe gültigen (vgl. SCHWETLICK [8]).

Beispiel 2: $(q = m + n, q_1 = r = s = n)$

Es sei $\Phi(z) = (L_x(z), -g_1(x), \dots, -g_m(x))^\mathsf{T}$ stetig differenzierbar und D_0 eine kompakte Teilmenge von R^q. Zu vorgegebenem ϱ sei mit

$$D_h = \{(h^n, \dots, h^1) \in [R^n]^n : 0 < \|h^i\| \leqq \varrho, |\det(h^1/\|h^1\|, \dots, h^n/\|h^n\|)| \geqq \omega\},$$
$$D_p = D_0 \times [\bar{D}_0]^{n-1}$$

für $(p^n, p^{n-1}, \dots, p^1; h^n, \dots, h^1) \in D_p \times D_h$ die Abbildung A durch

$$A(p^n, \dots, p^1; h^n, \dots, h^1) = \begin{pmatrix} Q & G(\bar{p}^n) \\ -G^\mathsf{T}(\bar{p}^n) & 0 \end{pmatrix}$$

erklärt. Mit der Bezeichnung $\bar{p}^i = p^i$ $(i = 1, \dots, n-1)$ ist dabei $G(\bar{p}^n) = g_1'(\bar{p}^n), \dots, g_n'(\bar{p}^n)$ und (26)

$$Qh^i = L_x(\bar{p}^i, \bar{\bar{p}}^n) - L_x(\bar{p}^i - h^i, \bar{\bar{p}}^n) \qquad (i = 1, \dots, n).$$

Es existiert dann ein $\varrho > 0$, so daß die definierte Abbildung konsistent ist. Für eine auf D LIPSCHITZ-stetige Funktion $\Phi(z)$ ist A sogar streng konsistent auf D_0.

Beweis: Es ist

$$(A(v) - \Phi_z(z)) = \begin{pmatrix} Q - L_{xx}(z) & G(\bar{p}^n) - G(x) \\ (G(x) - G(\bar{p}^n))^\mathsf{T} & 0 \end{pmatrix} = \begin{pmatrix} Q - L_{xx}(z) & 0 \\ 0 & 0 \end{pmatrix} + \begin{pmatrix} \cdot & 0 & G(\bar{p}^n) - G(x) \\ (G(x) - G(\bar{p}^n))^\mathsf{T} & & 0 \end{pmatrix}. \tag{27}$$

Die beiden in der Summe auftretenden Matrizen seien in der Reihenfolge mit M_1 und M_2 bezeichnet. Wegen der gleichmäßigen Stetigkeit von G auf der kompakten Menge D existiert zu jedem $\varepsilon > 0$ ein $\delta = \delta(\varepsilon)$ mit $\|G(\bar{p}^n) - G(x)\| \leqq \varepsilon/4$ für alle x mit $\|\bar{x} - p^n\| \leqq \delta$. Berücksichtigt man die Struktur der Matrix M_2, so ergibt sich hieraus $\|M_2\| \leqq \varepsilon/2$.

Um die Matrix M_1 normmäßig nach oben abschätzen zu können, berücksichtigen wir, daß es für beliebiges $x \in R^n$ eine eindeutige Darstellung $x = \sum \xi_i \hat{h}^i$ mit Zahlen $\xi_i \in R$ und Elementen $\hat{h}_i = \frac{h_i}{\|h_i\|}$ gibt und für $p \in D_p$

$$(Q - L_{xx}(z))\,x = \sum \xi_i (Q - L_{xx}(z))\,\hat{h}_i$$
$$= \sum \xi_i \frac{(L_x(\bar{p}^i, \bar{\bar{p}}^n) - L_x(\bar{p}^i - h^i, \bar{\bar{p}}^n)) - L_{xx}(\bar{p}^i, \bar{\bar{p}}^n)\,h^i)}{\|h^i\|} + \sum \xi_i \frac{(L_{xx}(\bar{p}^i, \bar{\bar{p}}^n) - L_{xx}(z))\,h^i}{\|h^i\|} \tag{28}$$

gilt. Wegen der gleichmäßigen Stetigkeit von L_{xx} auf der Menge D_p gibt es zu jedem $\varepsilon > 0$ ein $\delta = \delta(\varepsilon)$ $(0 < \delta(\varepsilon) \leqq \varrho)$, so daß sich die beiden Teilsummen in (28) normmäßig nach oben abschätzen lassen durch $n\varepsilon$. Insgesamt ergibt sich daher aus (28)

$$\|(Q - L_{xx}(z))\,x\| \leqq 2n\varepsilon \max_{1 \leqq i \leqq n} |\xi_i| \leqq 2n\,\|\xi\|. \tag{29}$$

In ausführlicher Schreibweise bedeutet $x = \sum \xi_i \hat{h}^i$ das Element $x = H\xi$ mit $H\ (= (\hat{h}^1, \dots, \hat{h}^n)$. Wegen der gleichmäßigen ω-Nichtsingularität von H existiert eine Zahl $L(\omega)$, so daß $\|H^{-1}\| \leqq L(\omega)$ gilt. Hieraus ergibt sich $\|\xi\| \leqq L(\omega)\,\|x\|$. Daher kann man (29) weiter abschätzen zu $\|(Q - L_{xx}(z))\,x\| \leqq 2n\varepsilon\, L(\omega)\,\|x\|$, woraus sofort $\|(Q - L_{xx}(z))\| \leqq 2n\varepsilon\, L(\omega)$ und damit insgesamt die Konsistenz von A folgt.

Beispiel 3: $(q = q_1 = s = m + n, r = n)$

Es sei $\Phi(z) = [L_x(z), -g_1(x), \dots, -g_m(x)]^\mathsf{T}$ stetig differenzierbar und D_p eine kompakte Teilmenge von $[R^q]^n$. Zu vorgegebenem ϱ sei mit

$$D_h = \{(h^n, \dots, h^1) \in [R^q]^n : 0 < \|h^i\| \leqq \varrho, \det|H| \geqq \omega, 0 < \omega \leqq 1 \text{ mit } H = (\bar{h}^n/\|\bar{h}^n\|, \dots, \bar{h}^1/\|\bar{h}^1\|)\},$$
$$D_p = [D_0]^n$$

für $(p^n, \dots, p^1; h^n, \dots, h^1) \in D_p \times D_h$ die Abbildung $A(p, h)$ durch

$$A(p, h) = \begin{pmatrix} Q & G(\bar{p}^n) \\ -G(\bar{p}^n)^\mathsf{T} & 0 \end{pmatrix} = \begin{pmatrix} A_1 \\ A_2 \end{pmatrix} \tag{30}$$

erklärt. Hierbei ist $G(\bar{p}^n)$ wie im Beispiel 2 gegeben und für A_1 gilt die Beziehung

$$A_1 h^i = L_x(p^i) - L_x(p^i - h^i). \tag{31}$$

Mit einem gewissen $\varrho > 0$ kann für $A(p, h)$ Konsistenz nachgewiesen werden.

Beispiel 4: $(q = q_1 = m + n; r = n + 1, s = n)$.

Es sei $\Phi(z) = (L_x(z), -g_1(x), \dots, -g_m(x))^\mathsf{T}$ stetig differenzierbar und D_0 eine kompakte Teilmenge des R^q. Zu vorgegebenem ϱ mögen die Vektoren $h^i = \bar{p}^{n+1} - \bar{p}_i$ $(i = 1, \dots, n)$ die Bedingung $0 < \|h^i\| \leqq \varrho$ erfüllen. Außerdem gelte

$$\left|\det\left(\frac{h^1}{\|h^1\|}, \dots, \frac{h^n}{\|h^n\|}\right)\right| \geqq \omega > 0\,.$$[1]

Dann ist die für $(p^{n+1}, \dots, p^1; h^n, \dots, h^1) \in D_p \times D_h$ mit $D_h = \{(h^n, \dots, h^1) \in [R^n]^n\}$ erklärte Abbildung

$$A(p, h) = \begin{pmatrix} Q & G(\bar{p}^{n+1}) \\ -G(\bar{p}^{n+1})^\mathsf{T} & 0 \end{pmatrix}, \tag{32}$$

[1]) Diese Eigenschaft wird als *ω-Nichtsingularität* bezeichnet. Erfüllen beliebige aufeinanderfolgende Elemente einer unendlichen Folge $\{h^k\}$ diese Eigenschaft, so ist diese *gleichmäßig ω-nichtsingulär.*

welche die Matrizen

$$G(\bar{p}^{n+1}) = \big(g_1'(\bar{p}^{n+1}), \dots, g_m'(\bar{p}^{n+1})\big) \tag{33}$$

und Q, gegeben durch

$$Qh^i = L_x(p^{n+1}) - L_x(p^i) \tag{34}$$

enthält, eine konsistente Approximation für $L_{xx}(z)$.

Bemerkung 4: Die Beweise für die Konsistenz der Approximationen aus Beispiel 3 und 4 verlaufen analog zum Beweis für Beispiel 2.

Vereinbarung (V): In den genannten Beispielen wurde jeweils $\|h^i\| > 0$ vorausgesetzt. Zur vollständigen Beschreibung sei jeweils $A(p, 0) = \Phi_z(z)$ gesetzt.

Bemerkung 5: Die Beispiele 2 und 3 stellen spezielle Übertragungen der von SCHWETLICK [8] angegebenen r-Schritt-Approximation auf den nichtlinear beschränkten Fall dar. In ihnen kann die Forderung der gleichmäßigen ω-Nichtsingularität a priori durch die Wahl der Diskretisierungsrichtung (z. B. Verwendung der Richtungen der Einheitsvektoren) gesichert werden.

Bemerkung 6: Das Beispiel 4 ist ein spezielles sequentielles Sekantenverfahren (vgl. [10], [8]). Es kommt mit der Berechnung von Ableitungen der LAGRANGE-Funktion in den aktuellen Iterationspunkten $z^k = (x^k, u^k) = (\bar{p}^k, \bar{\bar{p}}^k) = p^k$, welche im Zusammenhang mit Modifikationen des WILSON-Verfahrens ohnehin ermittelt werden müssen (siehe dazu [4]), aus. Der Nachteil der in Beispiel 4 vorgeschlagenen Vorgehensweise besteht darin, daß die Bedingung der gleichmäßigen ω-Nichtsingularität verletzt sein kann.

Bemerkung 7: Neben den angegebenen Beispielen sei auf die unter den üblichen Bedingungen mögliche Übertragung der Regula falsi von SCHMIDT [7] verwiesen. Dabei wird

$$A(p^2, p^1) = \begin{pmatrix} Q & G(\bar{p}^2) \\ -G(\bar{p}^2)^{\mathsf{T}} & 0 \end{pmatrix}$$

mit

$$Qe_i = \frac{L_x(\bar{p}^2 - d_{i-1}, \bar{\bar{p}}^2) - L_x(\bar{p}^2 - d_i, \bar{\bar{p}}^2)}{(\bar{p}_i^2 - \bar{p}_i^1)}$$

und

$$d_i = \sum_{j=1}^{i} (\bar{p}_j^2 - \bar{p}_j^1)\, e_j \qquad (i = 1, \dots, n)\,, \qquad d_0 = 0\,,$$

sowie e_i als dem i-ten Einheitsvektor gesetzt und eine Konvergenzgeschwindigkeit $\varkappa = \frac{1 + \sqrt{5}}{2}$ erreicht.

6. Konvergenzbetrachtungen

Es sollen jetzt Aussagen über die Konvergenz der vorgestellten Verfahren getroffen werden. Ausgangspunkt hierfür ist der angegebene Satz 2. Gegenüber einem vergleichbaren Resultat von ROBINSON erhält man im folgenden Satz 3 Aussagen für eine größere Klasse von Optimierungsverfahren.

Satz 3:

Voraussetzungen: *Es sei* $v \coloneqq (p, h)$, $U = D_p \times D_h$ *und* $v^* = (z^*, \bar{z}^*, \dots, \bar{z}^*; 0, \dots, 0)$. *Die lokale Lösungsmenge* $S(v)$ *habe die Gestalt*

$$S(v) = \{z \in R^q : 0 \in \Phi(p^r) + A(p, h)\,(z - p^r) + \partial\psi_K(z)\}\,. \tag{35}$$

Außerdem gelte:

(i): $Z^* = \{z^*\}$,

(ii): *die Matrix* $\Phi_z(z)$ *sei* LIPSCHITZ-*stetig auf* U,

(iii): $L_{xx}(z)$ *sei in* z^* *positiv definit.*

Behauptung: (i) *Für jede Zahl* $\varepsilon > 0$ *existieren positive Größen* δ *und* ϱ, *so daß für alle* $v \in v^* + \varrho B$ *die Beziehung*

$$\emptyset \neq S(v) \cap S_\delta \subset S(v^*) + \tfrac{1}{2}\,(\lambda + \varepsilon)\,\alpha_0(v)\, B \tag{36}$$

erfüllt ist. Hierbei bedeutet $S_\delta = S(v^*) + \delta B$.

(ii): *Im konsistenten Fall ist* $\alpha_0(v) = L\,\|p^r - p^{r*}\|^2 + \varepsilon\,\|p^r - p^{r*}\|$.

(iii): *Im streng konsistenten Fall gilt*

$$\alpha_0(v) \leqq L\,\|p^{r*} - p^r\|^2 + \left(\sum_{i=1}^{r-1} A_i\,\|\bar{p}^i - \bar{p}^{r*}\| + \sum_{i=1}^{r} B_i\,\|h^i\|\right)(\|\bar{p}^r - \bar{p}^{r*}\|)\,. \tag{37}$$

Beweis: Die Behauptung wird unter Verwendung von Satz 2 bewiesen. Dazu setzen wir $P = D_p \times D_h$, $N = R^q$, $v^* = (z^*, \bar{z}^*, \dots, \bar{z}^*; 0, \dots, 0)$. Die Voraussetzungen von Satz 2 sind wegen der folgenden Beziehungen erfüllt:

a) Die Beschränktheit der Menge Z^* folgt aus der Voraussetzung über deren Gestalt.

b) In der Funktion $L\Phi_{z^*}(\cdot) = \Phi(z^*, v^*) + \Phi_z(z^*, v^*)\left((\cdot) - z^*\right)$ ergibt sich mit $\Phi(z, v) = \Phi(p^r) + A(v)(z - p^r)$ für $\Phi(z^*, v^*)$: $\Phi(z^*, v^*) = \Phi(p^{r^*}) + A(v^*)(z^* - p^*)$. Außerdem ist $\Phi_z(z^*, v^*) = A(v^*)$.

Dies liefert insgesamt

$$L\Phi_{z^*}(\cdot) = \Phi(p^{r^*}) + A(v^*)(z^* - p^{r^*}) + A(v^*)\left((\cdot) - z^*\right),$$

oder unter Berücksichtigung von $z^* = p_{r^*}$ zusammengefaßt

$$L_{z^*}\Phi(\cdot) = \Phi(p^{r^*}) + A(v^*)\left((\cdot) - z^*\right).$$

Damit ist der in Voraussetzung b) geforderte Vektor a mit $a = \Phi(p^{r^*}) - A(v^*)\,z^*$ erklärt. Die vorausgesetzte Matrix A ist durch $A(v^*)$ gegeben. Ihre positive Semidefinitheit ergibt sich aus der vorausgesetzten positiven Semidefinitheit der Matrix $L_{xx}(z^*)$.

Damit sind die Voraussetzungen des Satzes 2 erfüllt, die in ihm enthaltene Aussage ist also gültig. Als Ergebnis erhält man die Existenz von positiven Größen δ und ϱ, für welche mit $v' \in v^* + \varrho B$ die Menge

$$\Sigma(v') = \{z \in S(v^*) + \delta B : 0 \in L\Phi_{v'}(z) + \partial\psi_K(z)\} \tag{38}$$

nichtleer und in $S(v^*) + (\lambda + \varepsilon)\,\alpha_0(v')\,B$ enthalten ist.

Als Abschätzung von $\alpha_0(v')$ ergibt sich

$$\begin{aligned}\alpha_0(v') &= \|\Phi(z^*, v') - \Phi(z^*, v^*)\| = \|\Phi(p^{r'}) + A(v')(z^* - p^{r'}) - \Phi(p^{r^*})\| \\ &\leqq \|\Phi(p^{r'}) - \Phi(p^{r^*}) + \Phi_z(p^{r'})(z^* - p^{r'})\| + \|[A(v') - \Phi_z(p^{r'})](z^* - p^{r'})\|.\end{aligned} \tag{39}$$

Der erste Summand dieser Summe läßt sich durch $L\,\|p^{r'} - p^{r^*}\|^2$ nach oben abschätzen. Obere Schranken für den zweiten Summanden erhalten wir dadurch, daß wir die konsistente Approximation von $\Phi_z(z)$ durch $A(v)$ ausnutzen. Es ergibt sich

$$\|\left(A(v') - \Phi_z(p^{r'})\right)(z^* - p^{r'})\| \leqq \varepsilon\,\|(z^* - p^{r'})\|. \tag{40}$$

Im streng konsistenten Fall erhält man die schärfere Ungleichung

$$\|\left(A(v') - \Phi_z(p^{r'})\right)(z^{*\prime} - p^{r'})\| \leqq \left(\sum_{i=1}^{r-1} A_i\,\|p^{i'} - \bar{p}^{r'}\| + \sum_{i=1}^{r} B_i\,\|h^i\|\right)(\|z^* - p^{r'}\|). \tag{41}$$

7. Folgerung

Für die sich aus den Beispielen 1, 2 und 3 ergebenden Mehrschrittverfahren lassen sich aus Satz 3 lokale Abschätzungen der Konvergenzgeschwindigkeit ableiten. Dazu wird z^{k+1} aus der Menge $S(v^k)$ gewählt und ist damit Lösung der Variationsungleichung

$$0 \in \Phi(p^k) + A_k(p^k, \ldots, p^{k-r+1}; h^k, \ldots, h^{k-r+1})(z - p^k) + \partial\psi_K(z). \tag{42}$$

Die Existenz von z^{k+1} im Lokalen ergibt sich aus (36). Außerdem wird die Tatsache ausgenutzt, daß v^k unter Zuhilfenahme der Iterierten $z^k, \ldots, z^{k-r+1}$ konstruiert wird und daß die bisher nicht konkret erfolgte Wahl von h^i präzisiert werden kann.

Für konsistente Approximation sei vereinbart, daß

$$\lim_{k\to\infty} h^k = 0 \tag{43}$$

gilt. Für streng konsistente Approximationen bestehe eine Abschätzung der Form

$$\|h^i\| \leqq \beta_1\,\|\bar{p}^k - p^{k-i}\| \qquad (i = 1, \ldots, r). \tag{44}$$

Damit ergibt sich für

Beispiel 1: $p^i = z^{k-n+i}$ $(i = 1, \ldots, n)$ im Falle der *konsistenten* Approximation

$$\|z^{k+1} - z^*\| \leqq L\,\|z^k - z^*\|^2 + \varepsilon\,\|z^k - z^*\|, \tag{45}$$

im Falle der *streng konsistenten* Approximation

$$\|z^{k+1} - z^*\| \leqq L\,\|z^k - z^*\|^2 + \left(\sum_{i=1}^{n} (A_i + \beta_1 B_i)\,\|z^{k-r+i} - z^*\|\right)(\|z^k - z^*\|). \tag{46}$$

Beispiel 2: $p^n = z^k$, $p^i = \bar{z}^{k-n+i}$ $(i = 1, \ldots, n)$ im Falle der *konsistenten* Approximation die gleiche Abschätzung wie im Beispiel 1,

im Falle der *streng konsistenten* Approximation

$$\|z^{k+1} - z^*\| \leqq L\,\|z^k - z^*\|^2 + \left(\sum_{i=1}^{n} (A_i + \beta_1 B_i)\,\|\bar{z}^{k-n+i} - \bar{z}^*\|\right)(\|z^k - z^*\|). \tag{47}$$

Beispiel 3: $p^i = z^{k-n+i}$ $(i = 1, \ldots, n)$ im Falle der *konsistenten* Approximation die gleiche Abschätzung wie im Beispiel 1,

im Falle der *streng konsistenten* Approximation

$$\|z^{k+1} - z^*\| \leqq L\,\|z^k - z^*\|^2 + \left(\sum_{i=1}^{n} (A_i + \beta_1 B_i)\,\|z^{k-n+i} - z^*\|\right)(\|z^k - z^*\|). \tag{48}$$

Beispiel 4: $p^{n+1} = z^k$, $p^i = z^{k+i-n-1}$ $(i = 1, \ldots, n)$ im Falle der *konsistenten* Approximation die gleiche Abschätzung wie im Beispiel 1,

im Falle der *streng konsistenten* Approximation

$$||z^{k+1} - z^*|| \leqq L\, ||z^k - z^*||^2 + \left(\sum_{i=1}^{n} A_i\, ||z^{l+i} - z^*|| + \sum_{i=1}^{n} B_i\, ||x^{l+i} - x^*||\right) (||z^k - z^*||) \tag{49}$$

mit $l = k - n - 1$.

Bemerkung 8: Die lokale quadratische Konvergenz des WILSON-Verfahrens ergibt sich aus Satz 3 und der getroffenen Voraussetzung (V), wenn man $r = 1$, $q_1 = q$ und $h = 0$ setzt.

Literatur

1 GARCIA-PALOMARES; MANGASARIAN, Superlinearly convergent quasi-NEWTON algorithms for nonlinear constrained optimization problems, Math. Programming **11**, 1–13 (1976).
2 KOCH, W.; LANGENSIEPEN, G.,; RICHTER, C., Untersuchungen zu Verfahren der erweitert-quadratischen Optimierung; Wiss. Z. TU Dresden **26**, 653–659 (1977).
3 LEVITIN, E. S.; POLJAK, B. T., Методы минимизации при наличии ограничений, Ж. вычислит. мат. **6**, 787–823 (1966).
4 RICHTER, C., Zur globalen Konvergenz des gedämpften WILSON-Verfahrens, (erscheint demnächst).
5 ROBINSON, S., An implicit-function theorem for generalized variational inequalities, Techn. Summary Report Nr. 1672, Univ. Wisconsin, Madison 1976.
6 ROCKAFELLAR, T. R., Augmented LAGRANGIans and applications of the proximal point algorithm in convex programming, Math. of Operations Res. **1**, 97–116 (1976).
7 SCHMIDT, J. W., Eine Übertragung der Regula falsi auf Gleichungen im BANACH-Raum I, II, ZAMM **43**, 1–8, 97–110 (1963).
8 SCHWETLICK, H., Über die Realisierung und Konvergenz von Mehrschrittverfahren zur iterativen Lösung nichtlinearer Gleichungen, ZAMM **54**, 479–493 (1974).
9 WILSON, R. B., A simplicial algorithm for concave programming, Diss., Harvard University, Cambridge, Mass. 1963.
10 WOLFE, PH., The secant method for solving nonlinear equations, Commun. Assoc. Comput. Machin. **2**, 12–13 (1959).

Eingereicht: 13. 10. 1978, korrigierte Fassung 22. 2. 1979

Anschrift: Dr. CLAUS RICHTER, TU Dresden, Sektion Mathematik, WB Numerische Mathematik, Mommsenstraße 13, DDR 8027 Dresden

ZAMM 60, 137 – 145 (1980)

H. Bauch

Zur iterativen Lösungseinschließung bei Anfangswertproblemen mittels Intervallmethoden

In der vorliegenden Arbeit werden Voraussetzungen für iterative Verfahren zur intervallanalytischen Lösungseinschließung bei Anfangswertproblemen von Systemen gewöhnlicher Differentialgleichungen 1. Ordnung untersucht und Möglichkeiten zur Konvergenzbeschleunigung angegeben.

In the present paper propositions are studied for iterative procedures serving to confine solutions of initial value problems of systems of first order ordinary differential equations in an interval analytic way. Furthermore, possibilities are given to speed up convergence.

В данной работе изучаются предположения для итеративных метод для интервал-аналитического включения при задачах с начальными значениями систем обыкновенных дифференциальных уравнений первого порядка и предлагаются возможности ускорения сходимости.

1. Problemstellung

Vorgegeben sei das Anfangswertproblem (AWP)

$$\boldsymbol{y}'(t) = \boldsymbol{f}(t, \boldsymbol{y}(t)) , \qquad \boldsymbol{y}(a) = \boldsymbol{y}_0 , \qquad t \in [a, b] =: B \subset R , \tag{1.1}$$

für ein System von n Differentialgleichungen 1. Ordnung ($n \geqq 1$). Gesucht werden Schrankenfunktionen für die Lösung $\boldsymbol{y}^*$ von (1.1), die mit vertretbarem Rechenaufwand bestimmbar sind, sich durch hohe Genauigkeit auszeichnen und nicht durch Rundungsfehlereinflüsse verfälscht sind. Zur praktischen Lösung dieser Aufgabenstellung bieten sich Intervallmethoden an, mit deren Hilfe eine konsequente Verwirklichung des Außenrundungsprinzips (Maschinenintervallarithmetik) möglich wird, so daß letzten Endes wirklich sichere Lösungseinschließungen entstehen. Die hierzu erforderlichen intervallanalytischen Grundlagen und Bezeichnungen sind im folgenden Abschnitt zusammengefaßt.

2. Intervallanalytische Grundbegriffe und Bezeichnungen

Im weiteren bezeichne $A = [a_1, a_2]$ ein Intervall aus der Menge der abgeschlossenen reellen Intervalle

$$I(R) := \{[a_1, a_2];\ a_1 \leqq a_2;\ a_1, a_2 \in R\} \tag{2.1}$$

und $\boldsymbol{A} = [\boldsymbol{a}_1, \boldsymbol{a}_2]$ einen Intervallvektor aus der Menge der Intervallvektoren mit n Komponenten

$$I(R^n) := \{[\boldsymbol{a}_1, \boldsymbol{a}_2];\ \boldsymbol{a}_1 \leqq \boldsymbol{a}_2;\ \boldsymbol{a}_1, \boldsymbol{a}_2 \in R^n\}\ .^{1)} \tag{2.2}$$

Für $n = 1$ gilt $I(R^1) = I(R)$. Für $A \in I(R)$ bzw. $\boldsymbol{A} \in I(R^n)$ ist der Durchmesser durch

$$\bar{w}(A) := \bar{w}([a_1, a_2]) := a_2 - a_1 \quad \text{bzw.} \quad \bar{w}_n(\boldsymbol{A}) := \max_{1 \leqq k \leqq n} \bar{w}(A_k) \tag{2.3}$$

und der Betrag durch

$$|A| := |[a_1, a_2]| := \max\{|a_1|, |a_2|\} \quad \text{bzw.} \quad |\boldsymbol{A}|_n := \max_{1 \leqq k \leqq n} |A_k| \tag{2.4}$$

definiert.

Für das Weitere bezeichne $(\tilde{C}_n(B), r)$ den Raum der über dem Intervall $B \subset R$ definierten, stetigen intervallvektorwertigen Funktionen mit n Komponenten ($n \geqq 1$) gemäß [3], versehen mit der *Metrik*

$$r : \tilde{C}_n(B) \times \tilde{C}_n(B) \to R^+,\ r(\boldsymbol{X}, \boldsymbol{Y}) := \sup_{t \in B} \left(e^{-\alpha(t-a)} \cdot \max_{1 \leqq k \leqq n} \max_{i=1,2} |x_{ik}(t) - y_{ik}(t)|\right), \quad \alpha > 0 , \quad \text{beliebig oder fest}, \tag{2.5}$$

die eine Verallgemeinerung der Morgenstern-Metrik [3], [5] auf Funktionen aus $\tilde{C}_n(B)$ darstellt.

Der Raum $(\tilde{C}_n(B), r)$ ist vollständig, was für die Konstruktion und iterative Lösung von Fixpunktaufgaben in $\tilde{C}_n(B)$ von Bedeutung ist. Zur Konvergenz der dabei auftretenden Intervallfolgen vergleiche man z. B. [2].

Der *Durchmesser* von intervallvektorwertigen Funktionen aus $\tilde{C}_n(B)$ ist definiert durch

$$w_n(\boldsymbol{F}) := \sup_{t \in B} \left(e^{-\alpha(t-a)} \cdot \bar{w}_n(\boldsymbol{F}(t))\right) \tag{2.6}$$

und der *Betrag* durch

$$|\boldsymbol{F}|_n := \sup_{t \in B} |\boldsymbol{F}(t)|_n\ . \tag{2.7}$$

Unter anderem gelten für $\boldsymbol{F}$, $\boldsymbol{G}$ aus $\tilde{C}_n(B)$ die folgenden Abschätzungen (ohne Beweis):

1) $w_n(\boldsymbol{F} \pm \boldsymbol{G}) \leqq w_n(\boldsymbol{F}) + w_n(\boldsymbol{G})$;

2) $w(\boldsymbol{F}^\mathrm{T} \cdot \boldsymbol{G}) \leqq n \cdot (|\boldsymbol{F}|_n \cdot w_n(\boldsymbol{G}) + w_n(\boldsymbol{F}) \cdot |\boldsymbol{G}|_n)$;

---

1) Durch $\leqq$ werde die natürliche Halbordnung im R^n bezeichnet, d. h. für $\boldsymbol{x}, \boldsymbol{y} \in R^n$, beliebig, gilt: $\boldsymbol{x} \leqq \boldsymbol{y}$ genau dann, wenn $x_i \leqq y_i$, für alle i: $1 \leqq i \leqq n$.

3) $|F|_n \leqq e^{\alpha(b-a)} \cdot w_n(F)$, falls $0 \in F(t)$, für alle $t \in B$;

4) $|F^T \cdot G| \leqq n \cdot |F|_n \cdot |G|_n$;

5) $w(F^T \cdot F) \leqq 2n \cdot e^{\alpha(b-a)} \cdot w_n^2(F)$, falls $0 \in F(t)$, für alle $t \in B$;

6) $\sup\limits_{t \in B} w_n\left(\int\limits^t F(s)\,ds\right) \leqq \frac{1}{\alpha} \cdot w_n(F)$.

3. Die Defektmethode

Ist für die Lösung y^* von (1.1) eine über E stetig differenzierbare Näherungsfunktion u bekannt, so bietet sich zur Bestimmung von Lösungsschranken die Defektmethode an.

Ein Überblick über die im wesentlichen in den letzten Jahren entwickelten Verfahren zur Bestimmung von Fehlerschranken nach der Defektmethode ist in [3] enthalten. Eine weitere Möglichkeit wird von Marcowitz in [13] angegeben.

Vergleicht man die genannten Verfahren hinsichtlich ihrer Wirksamkeit, d.h. insbesondere bzgl. der Kriterien

— Genauigkeit der Schranken,
— Rechenaufwand (Größe der Arbeitsschrittweiten in Integrationsrichtung),
— Rundungsfehlereinflüsse,

so entsteht folgendes Bild:

Die Verfahren, die die partiellen Ableitungen $\partial f_j/\partial y_k$ hinsichtlich Größe und Vorzeichen möglichst unverändert zur Konstruktion von Schrankenfunktionen für den Fehler $e := y^* - u$ verwenden und auch den Defekt nicht durch Betragsschranken eingrenzen, liefern die schärfsten Fehlereinschließungen. Das trifft im wesentlichen also auf die Verfahren von Scholz [16], Hunger [7] und Marcowitz [13] zu.

Während Scholz rundungsfreie Rechnung für sein Verfahren (das zudem nur für den Fall $n = 1$ Gültigkeit hat) voraussetzen muß, um sichere Schranken zu garantieren, verwenden Hunger und Marcowitz Intervallgrößen und können so die Rundungsfehlereinflüsse mit erfassen. Allerdings nehmen sie doch gewisse Abschätzungen bzgl. $\partial f_j/\partial y_k$ ($j, k = 1, 2, \dots, n$) vor und erzwingen scharfe Schranken letzten Endes erst durch entsprechend kleine Arbeitsschrittweiten in Integrationsrichtung.

Aus diesem Grunde wäre ein Verfahren wünschenswert, mit dem Schranken berechnet werden können, die

— numerisch zuverlässig sind (Intervallmethoden)
— vertretbaren Rechenaufwand erfordern und
— vorgegebenen Genauigkeitsforderungen entsprechen.

Unter diesem Aspekt wird in [3] eine Möglichkeit zur Schrankenkonstruktion aufgezeigt, die im wesentlichen auf einer Fixpunktaufgabe für die Fehlereinschließungsfunktionen basiert. Der zugehörige Operator ist kontrahierend, so daß auf iterativem Wege hinreichend scharfe Schranken bestimmt werden können. Die hierzu erforderlichen theoretischen Grundlagen gewinnt man mit dem folgenden Einschließungssatz [3], der eine Verallgemeinerung eines Resultates von Schröder [17] bzw. Scholz [16] darstellt.

Bezeichnungen:

1. $Df_j(t, y) := \left(\frac{\partial f_j(t, y)}{\partial y_k}\right)^T_{k=1,2,\dots,n}$, $j = 1(1)\,n$;

2. $Df(t, y) := \left(\frac{\partial f_j(t, y)}{\partial y_k}\right)_{j,k=1,2,\dots,n}$.

3. Für beliebiges $y \in Y$ [2]) gelte $Df(t, y) \in F_1(t)$, für $F_1 \in \tilde{C}_n(B)$.

4. $DDf_j(t, y) := \frac{1}{2} \cdot \left(\frac{\partial f_j(t, y)}{\partial y_k\, \partial y_l}\right)_{k,l=1,2,\dots,n}$, $j = 1(1)\,n$. (3.1)

5. $DDf(t, y) := (DDf_j(t, y))_{j=1,2,\dots,n}$.

6. Für beliebiges $y \in Y$ gelte [2]) $DDf(t, y) \in F_2(t)$, für $F_2 \in \tilde{C}_{n\times n}(B)$.

7. $g(t)^T \circ DDf(t, y) \circ g(t) := (g(t)^T \cdot DDf_j(t, y) \cdot g(t))_{j=1,2,\dots,n}$.

8. $P(t, g, F_2) := g(t)^T \circ F_2(t) \circ g(t)$.

Satz 1 (Einschließungssatz — ohne Beweis):

Für das AWP (1.1) existiere eine stetige, intervallvektorwertige Funktion Y aus $\tilde{C}_n(B)$ mit über B stetig differenzierbaren Begrenzungsfunktionen y_1 und y_2, so daß alle Komponenten f_k von f, $k = 1, 2, \dots, n$, hinreichend oft nach den y_j, $j = 1, 2, \dots, n$, differenzierbar sind und daß f und ihre Ableitungen in $D_0(Y) = \{(t, y) : t \in B \wedge y \in Y(t)\}$ stetig sind.

---

[2]) Zur Definition von Y vergleiche man Satz 1. Die Funktionen F_1 und F_2 lassen sich z. B. durch die vereinigten Erweiterungen $D\bar{f}(t, Y)$ und $DD\bar{f}(t, Y)$ darstellen. Im allgemeinen können aber problembezogen schärfere Schranken angegeben werden. Eine iterative Verbesserung von F_1 und F_2 unter Verwendung von Q_k bzw. Y_k ist möglich, bedeutet aber eine Erhöhung des Rechenaufwandes.

$D_n(B)$ bezeichne die Menge aller über B stetig differenzierbaren Vektorfunktionen, deren graphische Bilder in $D_0(Y)$ liegen.

Es gebe eine Funktion $\boldsymbol{u}$ aus $D_n(B)$, die (1.1) näherungsweise löst, und stetige, intervallvektorwertige Funktionen G, H und D aus $\tilde{C}_n(B)$ mit den folgenden Eigenschaften für alle t aus B:

(i1) $$\boldsymbol{H}(t) = [\boldsymbol{c}_1, \boldsymbol{c}_2] + \int_a^t \boldsymbol{G}(s)\,\mathrm{d}s\,, \qquad \boldsymbol{e}(a) \in [\boldsymbol{c}_1, \boldsymbol{c}_2]\,,$$

(i2) $$\boldsymbol{f}(t, \boldsymbol{u}(t)) - \frac{\mathrm{d}}{\mathrm{d}t}\boldsymbol{u}(t) \in \boldsymbol{D}(t)\,,$$

(i3) $$\boldsymbol{LH}(t) \subset \boldsymbol{G}(t)\,, \quad \text{mit} \quad \boldsymbol{LH}(t) := D\boldsymbol{f}(t, \boldsymbol{u}(t)) \cdot \boldsymbol{H}(t) + \boldsymbol{H}^{\mathrm{T}}(t) \circ DD\bar{\boldsymbol{f}}(t, \boldsymbol{u}(t) + [0, 1]\,\boldsymbol{H}(t)) \circ \boldsymbol{H}(t) + \boldsymbol{D}(t)\,,$$

(i4) $$\boldsymbol{u}(t) + [0, 1] \cdot \boldsymbol{H}(t) \subset \boldsymbol{Y}(t)\,.$$ [3]

Dann besitzt das AWP (1.1) (genau) eine Lösung $\boldsymbol{y}^*$ in $D_n(B)$, und es gilt die Fehlereinschließung

$$\boldsymbol{e}(t) = \boldsymbol{y}^*(t) - \boldsymbol{u}(t) \in \boldsymbol{H}(t) \quad \text{für alle } t \text{ aus } B.$$

Bemerkungen:

1. Mit Hilfe von Satz 1 können unabhängig von der Herkunft der Näherungsfunktion $\boldsymbol{u}$ Fehlereinschließungsfunktionen $\boldsymbol{H}$ angegeben werden, deren Durchmesser aber u. U. noch verkleinert werden muß, um gestellte Genauigkeitsforderungen zu erfüllen. Zu beachten ist dabei, daß weder $\boldsymbol{f}$ quasimonoton sein muß, noch $\boldsymbol{e}$ Vorzeichenforderungen zu erfüllen braucht. In [3] wird hierzu eine auf dem Einschließungssatz 2 basierende Fixpunktaufgabe

$$\boldsymbol{H}(t) = T\boldsymbol{H}(t) := [\boldsymbol{c}_1, \boldsymbol{c}_2] + \int_a^t \boldsymbol{LH}(s)\,\mathrm{d}s\,, \tag{3.2}$$

mit T kontrahierend, formuliert und nach der Iterationsvorschrift (Picard-Lindelöf)

$$\boldsymbol{H}_{k+1} = T\boldsymbol{H}_k\,, \qquad k = 0, 1, 2, \ldots, \boldsymbol{H}_0 \text{ Startelement} \tag{3.3}$$

gelöst.

Insgesamt entsteht damit eine linear konvergente Folge von Fehlereinschließungsfunktionen $(\boldsymbol{H}_k)_{k \in N}$ mit folgenden Eigenschaften für alle k aus N:

a. Wird $\boldsymbol{H}_0$ gemäß Satz 1 gewählt, gilt $\boldsymbol{e}(t) \in \boldsymbol{H}_k(t)$, für alle t aus B.

b. $\boldsymbol{H}_{k+1} \subset \boldsymbol{H}_k$.

c. Unter zusätzlichen Voraussetzungen an $\boldsymbol{f}$ und L in (i3) kann die Beziehung

$$\lim_{k \to \infty} w_n(\boldsymbol{H}_k) \leqq \bar{w}_n([\boldsymbol{c}_1, \boldsymbol{c}_2])$$

nachgewiesen werden.

2. Zur Konstruktion einer ersten, noch relativ groben Fehlereinschließungsfunktion $\boldsymbol{H}_0$ lassen sich z. B. die eingangs zitierten Verfahren oder die von Moore [14] bzw. Krückeberg [10] vorgeschlagenen Methoden verwenden. Außerdem kann auch die Bedingung (i3) des Einschließungssatzes als Konstruktionsgrundlage für $\boldsymbol{H}_0$ angesehen werden. (Bei Verwendung von Intervallpolynomen folgen aus (i3) über einen Koeffizientenvergleich Bedingungen für die Polynomkoeffizienten der jeweiligen Intervallpolynome, die die entsprechenden Komponenten der intervallvektorwertigen Einschließungsfunktionen repräsentieren.)

Weiterhin resultiert aus der Bedingung (i3) ein Bereich, in dem die Arbeitsschrittweite frei gewählt werden kann, ohne daß Einschließungseigenschaften der Iterierten $\boldsymbol{H}_k$ beeinträchtigt werden.

3. Die Implementierung des in Bemerkung 1. beschriebenen Iterationsverfahrens erfolgte auf der Anlage BESM-6 des RZ der TU Dresden unter Verwendung der Maschinenintervallarithmetik INARIT (Codeprozeduren zur Addition, Subtraktion, Multiplikation und Division je zweier Intervallzahlen im Gleitkommazahl-Exponentenbereich $10^{-19} \ldots 10^{+19}$ der BESM-6).

Alle im Verfahren auftretenden Intervallfunktionen wurden durch Intervallpolynome approximiert (Vektorfunktionen komponentenweise), da für die maschinelle Verknüpfung, Integration usw. von Intervallpolynomen ein Satz von Unterprogrammen zur Verfügung stand, wohl ähnlich dem für TRIPLEX-Größen konzipierten Polynombaukasten der Programmbibliothek der GMD Bonn [11], der dem Verfasser nicht zugänglich war.

4. Die mit dem angegebenen Iterationsverfahren auf der Anlage BESM-6 erzielten Testergebnisse können wie folgt zusammengefaßt werden:

– Die Rechenzeiten der Intervallprogramme sind relativ hoch, wobei zu beachten ist, daß der Gesamtzeitaufwand zu über 90% durch die Simulation der Maschinenintervallarithmetik verursacht wird. (Für eine gewöhnliche Differentialgleichung 1. Ordnung wurden je nach Problemstellung Rechenzeiten zwischen 0,2 bis 2,0 Minuten erzielt. Für Systeme mit maximal 4 Differentialgleichungen ergaben sich Rechenzeiten in der Größenordnung von 2 bis 6 Minuten.)

---

[3]) $\bar{\boldsymbol{f}}$ bezeichnet die vereinigte Erweiterung von $\boldsymbol{f}$ zu einer intervallvektorwertigen Funktion im Sinne von Moore.

- Der Zahlenbereich, in dem bei der BESM-6 Intervalloperationen möglich sind, erweist sich für praktische Problemstellungen im allgemeinen als zu klein. Auch das konsequente Arbeiten mit „Vergröberungen" im Sinne von Krückeberg[4]) kann nicht verhindern, daß der zulässige Zahlenbereich u. U. „gesprengt" wird, wenn auch eine spürbare Senkung des Rechenaufwandes eintritt.
- Können mit der Maschinenintervallarithmetik INARIT überhaupt Einschließungen bestimmt werden (! Zahlenbereich), so fallen diese außerordentlich scharf aus. Die gestellten Genauigkeitsforderungen (11 exakte Mantissenstellen) werden im Durchschnitt nach 10 bis 13 Iterationsschritten erfüllt. Die zulässigen Arbeitsschrittweiten liegen dabei i. allg. in der Größenordnung von 0,5 bis 2,0.

Zusammenfassend kann festgestellt werden, daß mit der Picard-Iteration (3.3) eine relativ bequeme Methode zur Nachiteration von einmal ermittelten Fehlereinschließungsfunktionen zur Verfügung steht. Ein Mangel des beschriebenen Verfahrens besteht in der nur linearen Konvergenzgeschwindigkeit. Daher sollen im folgenden Möglichkeiten zur Konvergenzbeschleunigung untersucht werden, ohne daß auf die Vorzüge der bisher verwendeten Intervallmethode verzichtet wird.

4. Ein Intervall-Newtonverfahren für AWP gewöhnlicher Differentialgleichungen 1. Ordnung

Satz 2: *Für das AWP* (1.1.) *gelten folgende* Voraussetzungen:

Es existiere eine stetige, intervallvektorwertige Funktion $\boldsymbol{Y}$ *aus* $\tilde{C}_n(B)$ *mit über* B *stetig differenzierbaren Begrenzungsfunktionen* $\boldsymbol{y}_1, \boldsymbol{y}_2$, *so daß alle Komponenten* f_k, $k = 1, 2, \dots, n$, *der Vektorfunktion* $\boldsymbol{f}$ *in* (1.1.) *hinreichend oft nach den* y_j, $j = 1, 2, \dots, n$, *differenzierbar sind und daß* $\boldsymbol{f}$ *und ihre Ableitungen in*

$$D_0(\boldsymbol{Y}) = \{(t, \boldsymbol{y}) : t \in B \wedge \boldsymbol{y} \in \boldsymbol{Y}(t)\}$$

stetig sind.

$D_n(B)$ *bezeichne die Menge aller über* B *stetig differenzierbaren Vektorfunktionen, deren graphische Bilder in* $D_0(\boldsymbol{Y})$ *liegen. Die Lösung* $\boldsymbol{y}^*$ *von* (1.1.) *sei aus* $D_n(B)$.

Es gebe intervallvektorwertige Funktionen $\boldsymbol{F}_1$ *aus* $\tilde{C}_n(B)$ *und* $\boldsymbol{F}_2$ *aus* $\tilde{C}_{n\times n}(B)$, *die die partiellen Ableitungen* $D\boldsymbol{f}$ *und* $DD\boldsymbol{f}$ *von* $\boldsymbol{f}$ *für alle betrachteten Argumente einschließen, so daß gilt*

$$D\boldsymbol{f}(t, \boldsymbol{y}) \in \boldsymbol{F}_1(t) \quad \text{und} \quad DD\boldsymbol{f}(t, \boldsymbol{y}) \in \boldsymbol{F}_2(t) \quad \text{für alle } t \text{ aus } B\,.$$

Dann liefert die folgende Iterationsvorschrift (VS):

$$\boldsymbol{Q}_k(t) := \{\boldsymbol{y}(a) + \int_a^t [\boldsymbol{f}(s, \boldsymbol{y}_k) + \boldsymbol{F}_1(s) \cdot (\boldsymbol{Y}_k(s) - \boldsymbol{y}_k(s))]\, ds\} \cap \boldsymbol{Y}_k(t)\,, \qquad \boldsymbol{y}_k(t) \in \boldsymbol{Y}_k(t);$$

$$\boldsymbol{Z}_{k+1}(t) := \boldsymbol{y}(a) + \int_a^t [\boldsymbol{f}(s, \boldsymbol{y}_k) + D\boldsymbol{f}(s, \boldsymbol{y}_k) \cdot (\boldsymbol{Z}_{k+1}(s) - \boldsymbol{q}_k(s)) + \bar{P}(s, \boldsymbol{Q}_k - \boldsymbol{q}_k, \boldsymbol{F}_2)]\, ds\,, \qquad \boldsymbol{q}_k(t) \in \boldsymbol{Q}_k(t);$$

$$\boldsymbol{Y}_{k+1}(t) := \boldsymbol{Z}_{k+1}(t) \cap \boldsymbol{Q}_k(t)\,, \qquad k = 0, 1, 2, \dots,$$

$\boldsymbol{Y}_0 \subset \boldsymbol{Y}$ *erste Einschließungsfunktion für* $\boldsymbol{y}^*$ *mit* $w(\boldsymbol{Y}_0)$ *hinreichend klein, eine inklusionsmonotone Folge von Lösungseinschließungen* $(\boldsymbol{Y}_k)_{k\in N}$ *mit den folgenden Eigenschaften für alle* k *aus* N *und alle* t *aus* B:

$$\begin{aligned}
&(1) && \boldsymbol{y}^* \in \boldsymbol{Y}_k;\\
&(2a) && \boldsymbol{Y}_{k+1} \subset \boldsymbol{Y}_k;\\
&(2b) && \lim_{k\to\infty} w_n(\boldsymbol{Y}_k) = 0\,;\\
&(3) && w_n(\boldsymbol{Y}_{k+1}) \leqq K \cdot w_n^2(\boldsymbol{Y}_k)\,.
\end{aligned} \tag{3.4}$$

Bemerkungen:

1. Die Aussagen des Satzes 2 sind für beliebige Funktionen $\boldsymbol{y}_k \in \boldsymbol{Y}_k$ und $\boldsymbol{q}_k \in \boldsymbol{Q}_k$ formuliert; man wählt z. B. $\boldsymbol{y}_k = m(\boldsymbol{Y}_k)$ und $\boldsymbol{q}_k = m(\boldsymbol{Q}_k)$ als Mitten von $\boldsymbol{Y}_k$ und $\boldsymbol{Q}_k$.

2. In jedem Iterationsschritt nach (VS) ist zur Bestimmung der Einschließungen $\boldsymbol{Z}_{k+1}$ letztlich jeweils eine lineare Fixpunktaufgabe

$$\boldsymbol{Z}_{k+1} = T\boldsymbol{Z}_{k+1}\,, \qquad k = 0, 1, 2, \dots, \tag{3.5}$$

zu lösen. Da T kontrahierend ist, können die Lösungen $\boldsymbol{Z}_{k+1}$, $k = 0, 1, 2, \dots$, von (3.5) ebenfalls iterativ bestimmt werden. (Man vgl. hierzu Abschnitt 3.) Zu beachten ist dabei allerdings, daß diese zusätzliche Iteration die Konvergenzgeschwindigkeit von (VS) streng genommen beeinflußt.

3. Das lineare AWP

$$\boldsymbol{z}'(t) = \boldsymbol{\Phi}(t) \cdot \boldsymbol{z}(t) + \boldsymbol{q}(t)\,, \qquad \boldsymbol{z}(a) = \boldsymbol{z}_0\,, \qquad t \in B\,, \tag{3.6}$$

besitzt die exakte Lösung

$$\boldsymbol{z}^*(t) = M_L(\boldsymbol{\Phi}(t), a, t)\,\{\boldsymbol{z}_0 + \int_a^t M_R(-\boldsymbol{\Phi}(s), a, s) \cdot \boldsymbol{q}(s)\, ds\}\,, \tag{3.7}$$

---

[4]) Eine Vergröberung eines Intervallpolynoms P durch ein Intervallpolynom Q (niedrigeren Grades als P) muß die Bedingung $P(t) \subset Q(t)$ für alle t aus B erfüllen.

wobei M_L den Linksmatrizanten von $\boldsymbol{\Phi}(t)$ und M_R den Rechtsmatrizanten von $-\boldsymbol{\Phi}(t)$ bezeichnet. Anstatt (3.5) iterativ zu lösen, kann (3.7) mit geeignet modifizierten $\boldsymbol{\Phi}$ und $\boldsymbol{q}$ nach dem Konzept von Hunger [7] direkt intervallanalytisch ausgewertet werden. Die Vorschrift (VS) ist dabei entsprechend abzuändern. Vergleichsrechnungen zeigen, daß diese Methode für kleine Teilintervalle von B der Picard-Iteration überlegen ist. Exakte Konvergenzaussagen bzw. Aussagen über den Wirkungsgrad dieser Methode können allerdings nicht getroffen werden. Abschließend sei bemerkt, daß z. Z. exponentiell angepaßte numerische Methoden bzw. eine Kombination bekannter (reeller) Näherungsverfahren mit intervallanalytischen Schrankenkonstruktionen erprobt werden, um den Rechenaufwand von (VS) weiter zu senken.

4. Unter entsprechenden Differenzierbarkeitsvoraussetzungen an $\boldsymbol{f}$ können aus (VS) Verfahren der Ordnung $p \geqq 3$, $p \in N$, abgeleitet werden. Allerdings dürfte die praktische Anwendung derartiger Verfahren wegen des damit verbundenen Rechenaufwandes wenig sinnvoll sein; man vgl. hierzu auch [4].

5. Macht sich eine Zerlegung des Integrationsintervalls B in mehrere Teilintervalle erforderlich, muß ab dem 2. Integrationsschritt der jeweilige Anfangswert $y(a + h_1)$, $y(a + h_1 + h_2)$ usw. durch ein (im vorangegangenen Integrationsschritt ermitteltes) Intervall eingeschlossen werden. Auf Grund der Beziehung $\overline{w}(A + C) = \overline{w}(A) + \overline{w}(C)$, für $A, C \in I(R)$, für den Durchmesser von Intervallgrößen, ergibt sich eine sukzessive Aufweitung der Lösungseinschließungen bis zur Stelle $t = b$. Man vergleiche hierzu auch [4].

Insgesamt gesehen ist damit die Benutzung möglichst großer Arbeitsschrittweiten h_i in Integrationsrichtung im Interesse möglichst kleiner Einschließungsdurchmesser für $t \to b$ anzustreben.

6. Bei der numerischen Auswertung der in (VS) auftretenden bestimmten Integrale von Intervallfunktionen (Intervallpolynomen) empfiehlt sich im allgemeinen eine Transformation der unteren Integrationsgrenze auf 0, um unnötige Aufweitungen der Resultatintervalle zu vermeiden.

Zum Beweis des Satzes 2 verwendet man das folgende

Lemma H1 (ohne Beweis): *Es gelten die Bedingungen des Satzes 2. Weiterhin bezeichne $\boldsymbol{Q} \subset \boldsymbol{Y}$ eine intervallvektorwertige Funktion aus $\tilde{C}_n(B)$, die die Lösung $\boldsymbol{y}^*$ von* (1.1) *sowie eine Funktion $\boldsymbol{q}$ aus $D_n(B)$ einschließt, die ihrerseits $\boldsymbol{y}^*$ hinreichend gut annähert und die Anfangsbedingung in* (1.1) *erfüllt. $\boldsymbol{G}$ und $\boldsymbol{Z}$ bezeichnen zwei intervallvektorwertige Funktionen aus $\tilde{C}_n(B)$ mit den folgenden Eigenschaften für alle t aus B:*

$$\text{(a1)}\quad \boldsymbol{Z}(t) = \boldsymbol{y}_0 + \int_a^t \boldsymbol{G}(s)\,\mathrm{d}s \subset \boldsymbol{Y}(t)\,,$$

$$\text{(a2)}\quad \boldsymbol{G}(t) = \boldsymbol{f}(t, \boldsymbol{q}) + D\boldsymbol{f}(t, \boldsymbol{q}) \cdot (\boldsymbol{Z}(t) - \boldsymbol{q}(t)) + \tilde{P}(t, \boldsymbol{Q} - \boldsymbol{q}, \boldsymbol{F}_2)\,.$$

Dann gilt für alle t aus B:

$$\boldsymbol{y}^{*\prime}(t) \in \boldsymbol{G}(t) \quad \text{und} \quad \boldsymbol{y}^*(t) \in \boldsymbol{Z}(t)\,.$$

Zum Beweis von Satz 2 (durch vollständige Induktion): Wegen $\boldsymbol{y}^* \in \boldsymbol{Y}_0$ und der Teilmengeneigenschaft der Intervallrechnung ist der Induktionsanfang gesichert.
Induktionsannahme: Die Aussagen (1)–(3) gelten für $n = m$
Induktionsschritt:

Zu (1):

a) Nachweis $\boldsymbol{y}^* \in \boldsymbol{Q}_m$: Wegen

$$\boldsymbol{y}^*(t) = \boldsymbol{y}(a) + \int_a^t \boldsymbol{f}(s, \boldsymbol{y}(s))\,\mathrm{d}s = \boldsymbol{y}(a) + \int_a^t \left(\boldsymbol{f}(s, \boldsymbol{y}_m(s)) + D\boldsymbol{f}(s, \boldsymbol{\eta})\,(\boldsymbol{y}^*(s) - \boldsymbol{y}_m(s))\right)\mathrm{d}s \in \boldsymbol{Y}_m(t)\,,$$

für alle t aus B (nach Voraussetzung), mit $\boldsymbol{y}_m \dots \boldsymbol{\eta} \dots \boldsymbol{y}^*$, folgt auf Grund der Teilmengeneigenschaft $\boldsymbol{y}^*(t) \in \boldsymbol{Q}_m(t)$, für alle t aus B.

b) Nachweis $\boldsymbol{y}^* \in \boldsymbol{Y}_{m+1}$: Anwendung von Lemma H1 mit den Größen $\boldsymbol{Q} := \boldsymbol{Q}_m$, $\boldsymbol{q} := \boldsymbol{q}_m$, $\boldsymbol{Z} := \boldsymbol{Z}_{m+1}$, $\boldsymbol{G} := \boldsymbol{G}_{m+1}$ liefert für alle t aus B die Einschließung: $\boldsymbol{y}^* \in \boldsymbol{Z}_{m+1}$ und damit insgesamt:

$$\boldsymbol{y}^*(t) \in \boldsymbol{Q}_m(t) \cap \boldsymbol{Z}_{m+1}(t) = \boldsymbol{Y}_{m+1}(t)\,, \qquad \text{für alle } t \text{ aus } B \text{ (Eigenschaft (1))}\,.$$

Zu (2):

a) Wegen $\boldsymbol{Q}_m \subset \boldsymbol{Y}_m$ und $\boldsymbol{Y}_{m+1} \subset \boldsymbol{Q}_m$ folgt $\boldsymbol{Y}_{m+1} \subset \boldsymbol{Y}_m$.

b)
$$\begin{aligned}
w_n(\boldsymbol{Q}_m) &= \sup_{t \in B} \left(\mathrm{e}^{-\alpha(t-a)} \cdot \overline{w}_n(\boldsymbol{Q}_m(t))\right) \\
&\leqq \sup_{t \in B} \left(\mathrm{e}^{-\alpha(t-a)} \cdot \overline{w}_n\left(\int_a^t \left(\boldsymbol{f}(s, \boldsymbol{y}_m) + \boldsymbol{F}_1(s)\,(\boldsymbol{Y}_m(s) - \boldsymbol{y}_m(s))\right)\mathrm{d}s\right)\right) \\
&\leqq \sup_{t \in B} \left(\mathrm{e}^{-\alpha(t-a)} \cdot \max_{1 \leqq j \leqq n} \overline{w}\left(\int_a^t \left[f_j(s, \boldsymbol{y}_m) + \sum_{k=1}^n F_{1jk}(s)\,(Y_{mk}(s) - y_{mk}(s))\right]\mathrm{d}s\right)\right) \\
&\leqq \sup_{t \in B} \left(\mathrm{e}^{-\alpha(t-a)}\ \max_{1 \leqq j \leqq n} \int_a^t \sum_{k=1}^n \overline{w}(F_{1jk}(s)\,[Y_{mk}(s) - y_{mk}(s)])\,\mathrm{d}s\right).
\end{aligned}$$

Nebenbetrachtung:

$$\bar{w}(F_{1jk}(s)\cdot(Y_{mk}(s)-y_{mk}(s)))\leqq\sup_{s\in B}\left(|F_{1jk}(s)|+\bar{w}(F_{1jk}(s))\right)\cdot\bar{w}(Y_{mk}(s))$$
$$\leqq\sup_{s\in B}\max_{1\leqq j,k\leqq n}\left(|F_{1jk}(s)|+\bar{w}(F_{1jk}(s))\right)\cdot\bar{w}(Y_{mk}(s))$$
$$=:C\cdot\bar{w}(Y_{mk}(s)).$$

Damit gilt:

$$w_n(\boldsymbol{Q}_m)\leqq C\cdot\sup_{t\in B}\left(\sum_{k=1}^{n}e^{-\alpha(t-a)}\cdot\int_a^t\bar{w}(Y_{mk}(s))\,ds\right)$$
$$\leqq C\cdot\sup_{t\in B}\left[\sum_{k=1}^{n}e^{-\alpha(t-a)}\cdot\int_a^t e^{\alpha(s-a)}\underbrace{\sup_{s\in B}\left(e^{-\alpha(s-a)}\cdot\max_{1\leqq k\leqq n}\bar{w}(Y_{mk}(s))\right)}_{=w_n(\boldsymbol{Y}_m)}ds\right]$$
$$\leqq\frac{n\cdot C}{\alpha}\cdot w_n(\boldsymbol{Y}_m).$$

Wird $\alpha>n\cdot C$ gewählt, z. B. $\alpha=2n\cdot C$, so folgt wegen $\boldsymbol{Y}_{m+1}=\boldsymbol{Z}_{m+1}\cap\boldsymbol{Q}_m$

$$w_n(\boldsymbol{Y}_{m+1})\leqq w_n(\boldsymbol{Q}_m)\leqq\tfrac{1}{2}\,w_n(\boldsymbol{Y}_m),$$

und damit schließlich

$$\lim_{m\to\infty}w_n(\boldsymbol{Y}_m)=0\qquad\text{(Eigenschaft (2b))}.$$

Zu (3):

$$w_n(\boldsymbol{Z}_{m+1})\leqq\sup_{t\in B}\left(e^{-\alpha(t-a)}\cdot\underbrace{\bar{w}_n\left(\boldsymbol{y}(a)+\int_a^t\boldsymbol{f}(s,\boldsymbol{q}_m)\,ds\right)}_{=0}\right)+I_1+I_2.$$

Für I_1 und I_2 können folgende Abschätzungen angegeben werden:

$$I_1=\sup_{t\in B}\left[e^{-\alpha(t-a)}\cdot\bar{w}_n\left(\int_a^t\underbrace{D\boldsymbol{f}(s,\boldsymbol{q}_m)}_{\in\boldsymbol{F}_1(s)}\cdot(\boldsymbol{Z}_{m+1}(s)-\boldsymbol{q}_m(s))\,ds\right)\right]$$
$$=\sup_{t\in B}\left[e^{-\alpha(t-a)}\max_{1\leqq j\leqq n}\bar{w}\left(\int_a^t\sum_{k=1}^{n}Df_{jk}(s,\boldsymbol{q}_m)\,(\boldsymbol{Z}_{m+1}(s)-\boldsymbol{q}_m(s))\,ds\right)\right]$$
$$\leqq\frac{n\cdot C_0}{\alpha}\cdot w_n(\boldsymbol{Z}_{m+1}),$$

wobei gilt:

$$|Df_{jk}(s,\boldsymbol{q}_m)|\leqq|F_{1jk}(s)|\leqq\sup_{s\in B}\max_{1\leqq j,k\leqq n}|F_{1jk}(s)|=:C_0\leqq C.$$

$$I_2=\sup_{t\in B}\left(e^{-\alpha(t-a)}\cdot\bar{w}_n\left(\int_a^t\bar{\boldsymbol{P}}(s,\boldsymbol{Q}_m-\boldsymbol{q}_m,\boldsymbol{F}_2)\,ds\right)\right)$$
$$=\sup_{t\in B}\left(e^{-\alpha(t-a)}\cdot\max_{1\leqq j\leqq n}\bar{w}\left(\int_a^t\bar{P}_j(s,\boldsymbol{Q}_m-\boldsymbol{q}_m,\boldsymbol{F}_2)\,ds\right)\right)$$
$$=\sup_{t\in B}\left[e^{-\alpha(t-a)}\cdot\max_{1\leqq j\leqq n}\bar{w}\left(\int_a^t(\boldsymbol{Q}_m(s)-\boldsymbol{q}_m(s))^{\mathsf{T}}\cdot\boldsymbol{F}_{2j}(s)\cdot(\boldsymbol{Q}_m(s)-\boldsymbol{q}_m(s)\,ds)\right)\right]$$

Dimension: $(1,n)\quad\cdot\quad(n,n)\quad\cdot\quad(n,1)$

$$\leqq\sup_{t\in B}\left[e^{-\alpha(t-a)}\cdot\max_{1\leqq j\leqq n}\bar{w}\left(\int_a^t\tfrac{1}{2}\sum_{k=1}^{n}\sum_{l=1}^{n}F_{2j,kl}(s)\cdot(\boldsymbol{Q}_m(s)-\boldsymbol{q}_m(s))_k\cdot(\boldsymbol{Q}_m(s)-\boldsymbol{q}_m(s))_l\,ds\right)\right]$$
$$\leqq\sup_{t\in B}\left[e^{-\alpha(t-a)}\cdot\max_{1\leqq j\leqq n}\int_a^t\tfrac{1}{2}\sum_{k=1}^{n}\sum_{l=1}^{n}\bar{w}(F_{2j,kl}(s)\cdot(\boldsymbol{Q}_m(s)-\boldsymbol{q}_m(s))_k\cdot(\boldsymbol{Q}_m(s)-\boldsymbol{q}_m(s))_l)\,ds\right].$$

Nebenbetrachtung:

$$\bar{w}(F_{2j,kl}(s)\cdot(\boldsymbol{Q}_m(s)-\boldsymbol{q}_m(s))_k\cdot(\boldsymbol{Q}_m(s)-\boldsymbol{q}_m(s))_l)\leqq$$
$$\leqq|F_{2j,kl}(s)|\cdot\bar{w}((\boldsymbol{Q}_m(s)-\boldsymbol{q}_m(s))_k\cdot(\boldsymbol{Q}_m(s)-\boldsymbol{q}_m(s))_l)+\bar{w}(F_{2j,kl}(s))\,|(\boldsymbol{Q}_m(s)-\boldsymbol{q}_m(s))_k\cdot(\boldsymbol{Q}_m(s)-\boldsymbol{q}_m(s))_l|$$
$$\leqq|F_{2j,kl}(s)|\cdot\{\bar{w}((\boldsymbol{Q}_m(s)-\boldsymbol{q}_m(s))_k)\cdot|(\boldsymbol{Q}_m(s)-q_m(s))_l|+|(\boldsymbol{Q}_m(s)-\boldsymbol{q}_m(s))_k|\cdot w((\boldsymbol{Q}_m(s)-\boldsymbol{q}_m(s))_l)\}+$$
$$+\bar{w}(F_{2j,kl}(s))\cdot|(\boldsymbol{Q}_m(s)-\boldsymbol{q}_m(s))_k|\cdot|(\boldsymbol{Q}_m(s)-\boldsymbol{q}_m(s))_l|$$
$$\leqq\sup_{s\in B}\max_{1\leqq j,k,l\leqq n}\left(2\,|F_{2j,kl}(s)|+\bar{w}(F_{2j,kl}(s))\right)\,\bar{w}(Q_{mk}(s))\cdot\bar{w}(Q_{ml}(s))$$
$$=:K_0\cdot\bar{w}(Q_{mk}(s))\cdot\bar{w}(Q_{ml}(s)).$$

Damit gilt:

$$I_2 \leqq \sup_{t\in B}\left(e^{-\alpha(t-a)}\cdot\tfrac{1}{2}\cdot K_0\cdot\sum_{k=1}^{n}\sum_{l=1}^{n}\int_a^t e^{2\alpha(s-a)}\cdot w_n(Q_m)\cdot w_n(Q_m)\,ds\right)$$

$$\leqq \tfrac{1}{2}K_0\cdot n^2\cdot\sup_{t\in B}\left(e^{-\alpha(t-a)}\cdot\int_a^t e^{2\alpha(s-a)}\,ds\right)\cdot w_n^2(Q_m)$$

$$\leqq \tfrac{1}{2}K_0\cdot n^2\cdot e^{\alpha(b-a)}\cdot\frac{1}{2\alpha}\cdot w_n^2(Q_m)\,.$$

Insgesamt gilt:

$$w_n(Z_{m+1}) \leqq \frac{n\cdot C_0}{\alpha}\cdot w_n(Z_{m+1}) + \frac{n^2K_0}{4\alpha}\cdot e^{\alpha(b-a)}\cdot w_n^2(Q_m)\,,$$

und mit $\alpha > n\cdot C$:

$$w(Z_{m+1}) \leqq \frac{n^2/4\cdot K_0\cdot e^{\alpha(b-a)}}{\alpha - n\cdot C_0}\cdot w_n^2(Q_m) =: K_1\cdot w_n^2(Q_m)\,.$$

Wegen $Y_{m+1} = Z_{m+1} \cap Q_m$ folgt schließlich

$$w_n(Y_{m+1}) \leqq w_n(Z_{m+1}) \leqq K_1\cdot w_n^2(Q_m) \leqq K_1\cdot\frac{n^2C^2}{\alpha^2}\cdot w_n^2(Y_m) =: K\cdot w_n^2(Y_m) \qquad \text{(Eigenschaft (3))}\,.$$

5. Numerische Resultate

Die Implementierung des Verfahrens (VS) erfordert eine leistungsfähige Maschinenintervallarithmetik und ein geeignetes Approximationskonzept, um die maschinelle Darstellung und Verknupfung der in (VS) auftretenden Intervallfunktionen zu gewährleisten. Stützt man sich dabei auf die aus der Literatur bekannten Intervallpolynome, können recht effektive Datenverarbeitungsprogramme erstellt werden. Die folgenden Testbeispiele wurden auf einer EDVA BESM-6 des RZ der TU Dresden unter Verwendung der Maschinenintervallarithmetik INARIT (Codeprozeduren im Gleitkommazahlbereich $10^{-19}\ldots 10^{+19}$) gerechnet.

Beispiel 1 (nach LAPIDUS/SEINFELD):

$$y'(t) = -200\,(y(t) - F(t)) + F'(t)\,, \qquad y(0) = 10$$

mit

$$F(t) = 10 - (10 + t)\cdot e^{-t}\,, \qquad \text{für alle } t \text{ aus } [0, 1]\,.$$

Die exakte Lösung (zum Vergleich) lautet:

$$y^*(t) = 10\cdot e^{-200t} + F(t)\,, \qquad \text{für alle } t \text{ aus } [0, 1]\,.$$

Die Anwendung von Verfahren (VS) liefert folgende Ergebnisse [4]:

Startpolynom:

$$Y_0(t) = 10 - 1991\,t + [-5, 200004]\,t^2\,.$$

Schrittweite:

$$h = 0.01 \ (t \text{ aus } [0, 0.1]) \text{ bis } 0.1\,.$$

Einschließungsdurchmesser:

t	$y^*(t)$	rel $\bar{w}(Y(t))/10^{-11}$
0.	10	0
0.01	1.44295 ...	2.7
0.02	0.36156 ...	5.3
0.027141 ...	0.28525 ... = min!	7.9
0.05	0.44059 ...	12.8
0.1	0.86114 ...	28.4
0.2	1.64894 ...	43.7
0.5	3.63142 ...	88.5
1.0	5.95332 ...	113.2

Rechenzeit 4.7 Minuten

Für wachsende t-Werte ($t > 1$) verläuft die Rechnung ohne Komplikationen bei Arbeitsschrittweiten $h = 0.1$, 0.2, 0.5 usw.

Beispiel 2: Gegeben sei das AWP

$$y_i'(t) = -i^5\cdot y_i(t)\,, \qquad y_i(0) = 1\,, \qquad i = 1, 2, \ldots, 10\,, \qquad t\in[0,1]\,.$$

Die exakte Lösung ist bekannt, es gilt

$$y_i^*(t) = e^{-i^5 t}\,, \qquad i = 1, 2, \ldots, 10\,, \qquad t\in[0,1]\,.$$

Mit den Iterationsverfahren aus dem vorigen Abschnitt wurden folgende Resultate erzielt:

Picard-*Iteration*: Werden mit den Startpolynomen

$$y_{i,0}(t) = 1 - i^5 t + [0, 1] \cdot \frac{(i^5 t)^2}{2}, \quad i = 1, 2, \dots, 10,$$

und der Arbeitsschrittweite $h = 1.0$ insgesamt 12 Iterationsschritte ausgeführt, entstehen für $t = 1.0$ Lösungseinschließungen $Y_{i,12}(1.0)$ mit der Genauigkeit:

$$\bar{w}(Y_{i,12}(1.0)) = i^{70}/14!, \quad i = 1, 2, \dots, 10,$$

also völlig unbrauchbare Resultate für $i \geqq 2$.

Werden die Iterierten $Y_{i,12}$ für t-Werte aus dem Intervall $[0, i^{-5}]$ ausgewertet, entstehen Einschließungsdurchmesser der Größenordnung 10^{-10}.

Die Picard-Iteration könnte also nur für sehr kleine Schrittweiten $h \approx 10^{-5}$ einigermaßen befriedigende Ergebnisse liefern. Da der Rechenaufwand hierbei aber unvertretbar hoch würde, sollte im vorliegenden Fall ein anderes Verfahren eingesetzt werden.

Verfahren (VS): Wird das Beispiel 2 mit den oben angegebenen Startpolynomen $Y_{i,0}$ nach (VS) gelöst, erhält man die gesuchten Einschließungen Y_i, $i = 1, 2, \dots, 10$, bereits im 1. Iterationsschritt für das gesamte Intervall $[0, 1]$ als Lösungen der linearen Integralgleichungen

$$Y_i(t) = 1 - \int_0^t Y_i(s)\, ds, \quad i = 1, 2, \dots, 10.$$

Auf Grund des relativ kleinen Zahlenbereiches $10^{-19} \dots 10^{+19}$ der benutzten Maschinenintervallarithmetik fallen die berechneten Einschließungen Y_i (1.0) ziemlich groß aus; man erhält

i	$\bar{w}(Y_i(1.0))$	rel $\bar{w}(Y_i(1.0))$
1	$2 \cdot 10^{-11}$	$5.44 \cdot 10^{-11}$
2	$1 \cdot 10^{-19}$	$7.9 \cdot 10^{-6}$
$\geqq 3$	$2 \cdot 10^{-19}$	$10^{+85} \dots 10^{+43411}$

Die Rechenzeit betrug: 0.73 Minuten.

Beispiel 3:

$$\begin{aligned} y_1'(t) &= f_1(t, y_1, y_2, y_3) = 100(y_2(t) - y_1(t)), & y_1(0) &= 0, \\ y_2'(t) &= f_2(t, y_1, y_2, y_3) = y_3(t), & y_2(0) &= 0, \\ y_3'(t) &= f_3(t, y_1, y_2, y_3) = -y_2(t), & y_3(0) &= 1, \quad t \in [0,10]. \end{aligned}$$

Die zugehörige Jacobi-Matrix

$$f\hat{y} = \begin{pmatrix} -100 & 100 & 0 \\ 0 & 0 & 1 \\ 0 & -1 & 0 \end{pmatrix}$$

besitzt die Eigenwerte $\lambda_1 = -100$, $\lambda_{2,3} = \pm i$. Die exakte Lösung der Aufgabe ist bekannt; es gilt:

$$y_1^*(t) = \frac{1}{1.0001}(\sin t - 0.01 \cos t + 0.01\, e^{-100t}), \quad y_2^*(t) = \sin t, \quad y_3^*(t) = \cos t.$$

Auf iterativem Wege wurden mit den Startfunktionen:

$$Y_{01}(t) = \frac{1}{1.0001}(Y_{02}(t) - 0.01\,(Y_{03}(t) - P(t))), \quad \text{mit} \quad e^{-100t} \in P(t).$$

$$Y_{02}(t) = t - \frac{t^3}{6} + [0,1]\,\frac{t^5}{120}, \qquad Y_{03}(t) = 1 - \frac{t^2}{2} + [0,1]\,\frac{t^4}{24}$$

und der Arbeitsschrittweite $h = 10$ folgende Ergebnisse erzielt:

	Picard-Iteration	(VS)
Iterationsschritte Rechenzeit	18 2,45 Minuten	1 1,38 Minuten
rel $\bar{w}(Y_{01}(10))$	$1.7 \cdot 10^3$	
rel $\bar{w}(Y_{02}(10))$	$1.7 \cdot 10^3$	
rel $\bar{w}(Y_{03}(10))$	$5 \cdot 10^2$	
rel $\bar{w}(Z_1(10))$	$5.8 \cdot 10^{10}$	$8.6 \cdot 10^{-11}$
rel $\bar{w}(Z_2(10))$	$5.8 \cdot 10^{10}$	$8.6 \cdot 10^{-11}$
rel $\bar{w}(Z_3(10))$	$3.5 \cdot 10^{10}$	$5.1 \cdot 10^{-11}$

Werden weniger scharfe Startfunktionen benutzt, sind kleinere Arbeitsschrittweiten erforderlich. Es entstehen dabei Rechenzeiten in der Größenordnung von etwa 5 bis 7 Minuten (PICARD-Iteration) und etwa 3 Minuten für (VS).

Beispiel 4: Vorgelegt sei das folgende Anfangswertproblem

$$y_1'(t) = f_1(t, y_1, y_2, y_3) = -y_1 + y_2^m \cdot y_3^n - e^{-rt} + 1 ,$$
$$y_2'(t) = f_2(t, y_1, y_2, y_3) = -Ay_2 - y_2^{C/A} \cdot y_3^2 + y_3^3 ,$$
$$y_3'(t) = f_3(t, y_1, y_2, y_3) = -Cy_3 - y_1^2 + y_2^2 - e^{-2At} - 2e^{-t} + e^{-2t} + 1 ,$$

für alle t aus $[0,1]$, $y_1(0) = 0$, $y_2(0) = 1$, $y_3(0) = 1$, mit den Parametern $m > 1$, $n \geqq 2$, $C > A > 0$, $r = mA + nC$.

Die exakte Lösung der Aufgabenstellung ist bekannt, es gilt

$$y_1^*(t) = 1 - e^{-t} , \qquad y_2^*(t) = e^{-At} , \qquad y_3^*(t) = e^{-Ct} .$$

Mit den eingangs beschriebenen Iterationsverfahren wurden u. a. Testrechnungen für den Fall $m = n = 2$, $A = 1$, $C = 2$, $r = 6$ durchgeführt. Als Anfangseinschließungen fanden folgende Intervallpolynome Verwendung:

$$Y_{01}(t) = t - \frac{1}{2} t^2 + [0,1] \cdot \frac{t^3}{6} \quad \text{mit} \quad \bar{w}(Y_{01}(1.0)) = 2.6 \cdot 10^{-1} ,$$

$$Y_{02}(t) = 1 - t + [0,1] \frac{t^2}{2}, \qquad \bar{w}(Y_{02}(1.0)) = 1.4 \cdot 10^0 ,$$

$$Y_{03}(t) = 1 - 2t + [0,1] \frac{4t^2}{2}, \qquad \bar{w}(Y_{03}(1.0)) = 1.5 \cdot 10^1 .$$

Die erzielten Ergebnisse sind in der folgenden Übersicht zusammengefaßt.

	PICARD-Iteration	(VS)
Arbeitsschrittweite h	0.25	1.0
Iterationsschritte	12–15	3–4
Rechenzeit	8.9 Minuten	3.1 Minuten
Einschließungsdurchmesser für $t = 1.0$		
rel $\bar{w}(Y_1)$	$1.9 \cdot 10^{-9}$	$2.7 \cdot 10^{-11}$
rel $\bar{w}(Y_2)$	$5.4 \cdot 10^{-9}$	$5.6 \cdot 10^{-11}$
rel $\bar{w}(Y_3)$	$1.7 \cdot 10^{-8}$	$2.9 \cdot 10^{-10}$

Literaturverzeichnis

1 ALEFELD, G., Stets konvergente Verfahren höherer Ordnung zur Berechnung von reellen Nullstellen, Computing 13, 55–65 (1974).

2 BAUCH, H., Zur Konvergenz monotoner Intervallfolgen und monotoner Folgen intervallwertiger Funktionen, ZAMM 55, 605 bis 606 (1975).

3 BAUCH, H., Zur Lösungseinschließung bei Anfangswertaufgaben gewöhnlicher Differentialgleichungen nach der Defektmethode, ZAMM 57, 387–396 (1977).

4 BAUCH, H., On the iterative inclusion of solutions in initial—value problems for ordinary differential equations, Computing, 22, 339–354 (1979).

5 BEHNKE, H.; BACHMANN, F.; FLADT, K.; SÜSS, W., Grundzüge der Mathematik. Band III: Analysis, Vandenhoeck & Ruprecht, Göttingen 1962, S. 463.

6 EHRMANN, H., Konstruktion und Durchführung von Iterationsverfahren höherer Ordnung, Arch. Rational Mech. Analysis 4, 65–88 (1959).

7 HUNGER, S., Intervallanalytische Defektabschätzung bei Anfangswertaufgaben für Systeme gewöhnlicher Differentialgleichungen, Berichte der GMD Bonn, Nr. 41, 1971.

8 KANTOROWITSCH, L., Funktionalanalysis und angewandte Mathematik (russ.) Uspechi mat. Nauk 3: 6 (28), 89–185 (1948).

9 KRÜCKEBERG, F., Defekterfassung bei gewöhnlichen und partiellen Differentialgleichungen, ISNM 19, 69–82 (1968).

10 KRÜCKEBERG, F., Ordinary differential equations, in HANSEN, E. R.: Topics in Interval Analysis, Oxford University Press 1969, 91–97.

11 KRÜCKEBERG, F.; TOFAHRN, W., Beschreibung zum Polynombaukasten. Programmbibliothek der Gesellschaft für Mathmatik und Datenverarbeitung, Bonn.

12 KULISCH, U., Grundzüge der Intervallrechnung, in LAUGWITZ, D.: Überblicke der Mathematik. Band II, HTB BI Mannheim 1969, 51–98.

13 MARCOWITZ, W., Fehlerabschatzung bei Anfangswertaufgaben für Systeme von gewöhnlichen Differentialgleichungen mit Anwendung auf das REENTRY-Problem, Numer. Math. 24, 249–275 (1975).

14 MOORE, R. E., Interval Analysis, Prentice Hall, Inc. Englewood Cliffs, New Jersey 1966.

15 NICKEL, K., The Application of Interval Analysis to the Numerical Solution of Differential Equations. Universität Karlsruhe, Institut für Informatik, Interner Bericht 69/9.

16 SCHOLZ, S., Fehlerabschätzung und Genauigkeitssteigerung bei RUNGE-KUTTA-Verfahren, Dissertation, TU Dresden 1970.

17 SCHRÖDER, J., Fehlerabschätzungen mit Rechenanlagen bei gewöhnlichen Differentialgleichungen 1. Ordnung, Numer. Math. 3, 39–61 (1961).

18 WALTER, W., Differential- und Integral-Ungleichungen und ihre Anwendung bei Abschätzungs- und Eindeutigkeitsproblemen Springer-Verlag, Berlin-Heidelberg-New York 1964.

Eingereicht: 16. 4. 1979

Anschrift: Dr. H. BAUCH, Pädagogische Hochschule Dresden, Sekt. Mathematik/Geographie, WB Numerische Mathematik/Rechentechnik, Wigardstr. 17, DDR 8060 Dresden

ZAMM 60, 147 –152 (1980)

M. ARUNACHALAM / N. R. RAJAPPA

Unsteady Boundary Layer on a Two Dimensional or Axisymmetric Body with Higher Order Effects

An analysis of the higher order effects upon the boundary layer growth on two dimensional and axisymmetric bodies which move impulsively with a linear velocity as an exponential function of time, is presented. Using the method of matched asymptotic expansions the full Navier-Stokes equations are solved analytically for the universal velocity profiles. The theory is applied to study the motion of cylinder in two dimensions and sphere in three dimensions.

Es wird über eine theoretische Untersuchung berichtet, die sich mit Effekten höherer Ordnung beim Anwachsen von Grenzschichten auf zweidimensionalen und axialsymmetrischen Körpern beschäftigt, wobei die Bewegung Impulscharakter hat mit einer linearen Geschwindigkeit, die sich exponentiell mit der Zeit ändert. Mit Hilfe der Methode der 'matched asymptotic expansion' werden die vollen Navier-Stokes-Gleichungen analytisch für das universelle Geschwindigkeitsprofil gelöst. Die Theorie wird auf die Bewegung von Zylindern in zwei Dimensionen und Kugeln in drei Dimensionen angewandt.

Теоретически исследуются эффекты более высокого порядка при увеличении пограничного слоя в случае двухмерных и осесимметричных тел, причём движение имеет импульсный характер с линейной скоростью, изменяющейся во времени по экспоненциальному закону. С помощью метода ,,согласованного асимптотического разложения" находится аналитическое решение полных уравнений Навье-Стокса для универсального профиля, скоростей. Теория демонстрируется на примере обтекания цилиндра в двухмерном случае и обтекания шара — в трёхмерном случае.

1. Introduction

Higher order effects on the boundary layer growth of impulsively started bodies from rest have been considered by WANG [1], SOZOU [2] and ZAPRYANOV [3]. WANG treated the two dimensional motion of the cylinder with a constant linear velocity. SOZOU and ZAPRYANOV considered the spinning and moving sphere, where the velocities are taken as a power of the time. All of them have obtained only the combined effect of curvature and displacement. WATSON [4] used PRANDTL's classical boundary layer approximation to study the boundary layer growth on two dimensional bodies moving with a velocity $U(T)$ of the form

$$U(T) = U_0\, e^{CT} \tag{1}$$

and neglecting curvature and displacement effects.

In this paper we analyse the higher order effects of curvature and displacement for the most general problem of impulsively started two-dimensional and three dimensional axisymmetric bodies moving with a velocity $U(T)$ along the axis as given in eqn. (1) and illustrate the theory with suitable examples. Unlike the earlier works [1–3] where the higher-order effects appear as a single term these effects are obtained here as separate terms.

2. Formulation

We can normalize the velocities by a characteristic velocity U_0, the length by L, the radius of curvature at the vertex, and the time T by $1/C$. The two independent dimensionless parametersthat govern the motion are ε and ν_1 which we define as

$$\varepsilon = \frac{U_0}{CL}, \quad \nu_1 = \frac{\nu C}{U_0^2} \tag{2}$$

where ν is the kinematic viscosity of the fluid. For boundary layer flows to exist, ε should be very small. As in earlier works [1–3], let us consider the motion of the body for a short time T, where $0 < T < C^{-1}$ and C is very large so that $\varepsilon \ll 1$.

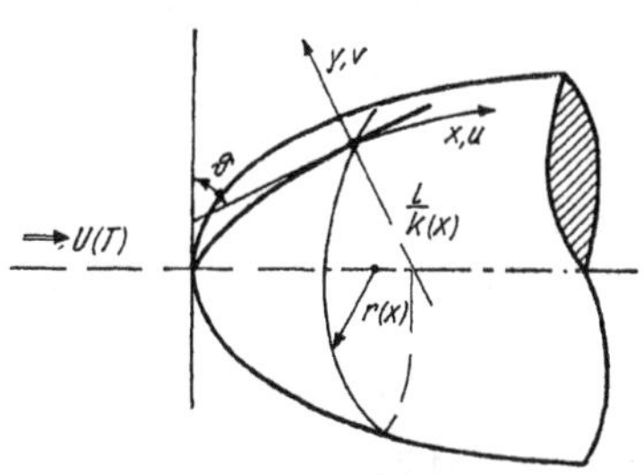

Fig. 1. Axisymmetric Coordinate System

Using the curvilinear coordinate system shown in Fig. 1, the NAVIER-STOKES equations, stated in terms of non-dimensional coordinates are (ROSENHEAD [5], page 130)

$$\frac{\partial}{\partial x}(h_2 h_3 u) + \frac{\partial}{\partial y}(h_1 h_3 v) = 0 \tag{3}$$

$$\frac{\partial u}{\partial t} + \varepsilon\left(\frac{u}{h_1}\frac{\partial u}{\partial x} + \frac{v}{h_2}\frac{\partial u}{\partial y} + \frac{kuv}{h_1 h_2}\right) + \frac{1}{h_1}\frac{\partial p}{\partial x} = -\frac{\nu_1 \varepsilon^2}{h_2 h_3}\frac{\partial}{\partial y}(h_3 \zeta_3) \tag{4}$$

$$\frac{\partial v}{\partial t} + \varepsilon\left(\frac{u}{h_1}\frac{\partial v}{\partial x} + \frac{v}{h_2}\frac{\partial v}{\partial y} - \frac{ku^2}{h_1 h_2}\right) + \frac{1}{h_2}\frac{\partial p}{\partial y} = \frac{\nu_1 \varepsilon^2}{h_1 h_3}\frac{\partial}{\partial x}(h_3 \zeta_3) \tag{5}$$

$$h_1 = 1 + ky\,, \qquad h_2 = 1\,, \qquad h_3 = (r + y \sin\theta)^j\,, \tag{6}$$

$$\zeta_3 = -\left(\frac{\partial u}{\partial y} + \frac{k}{h_1} u - \frac{h_2}{h_1}\frac{\partial v}{\partial x}\right). \tag{7}$$

k is the curvature at any point. k and θ are functions of x only. ζ_3 is the verticity component. The pressure p is normalized by $\varepsilon^{-1}\varrho U_0^2$, where ϱ is the density of the fluid. It is supposed that the frame of reference moves forward with the body. The index $j = 0$ gives two dimensional flow and $j = 1$, the axisymmetric flow.

If we introduce the STOKES stream function, such that

$$u = \frac{1}{h_2 h_3}\frac{\partial \Psi}{\partial y}, \qquad v = -\frac{1}{h_1 h_3}\frac{\partial \Psi}{\partial x} \tag{8}$$

the equation of continuity will automatically be satisfied. The boundary conditions to be satisfied are:

$$\begin{aligned} &u = 0\,, \quad v = 0 \quad \text{at} \quad y = 0 \quad \text{for all} \quad t \geqq 0;\\ &(u^2 + v^2)^{1/2} \to e^t \quad \text{as} \quad y \to \infty \quad \text{for all} \quad t \geqq 0;\\ &u = 0 = v \quad \text{for} \quad y \geqq 0 \quad \text{and} \quad t < 0\,, \end{aligned} \tag{9}$$

where t is the dimensionless time (CT).

Using the method of matched asymptotic expansions as given by VAN DYKE [6] we solve this problem. For the outer flow field we assume that

$$\Psi = \Psi_1 + \varepsilon \Psi_2 + \dots \tag{10}$$

and similar expansions for u, v and p. A regular perturbation of equations (3) to (5) due to (10) shows that the outer flow field is always inviscid and irrotational for bodies started from rest [1, 3]. Therefore from (7) and (8) we infer that Ψ_1, Ψ_2, ... are solutions of

$$\frac{\partial}{\partial y}\left(\frac{h_1}{h_2 h_3}\frac{\partial \Psi}{\partial y}\right) + \frac{\partial}{\partial x}\left(\frac{h_2}{h_1 h_3}\frac{\partial \Psi}{\partial x}\right) = 0\,. \tag{11}$$

For the inner flow field we introduce an inner variable n as

$$n = y/\varepsilon\,, \tag{12}$$

and expand the dependent variables as

$$\begin{aligned} &u = u_1 + \varepsilon u_2 + \dots\,, \qquad p = p_1 + \varepsilon p_2 + \dots\,,\\ &v = \varepsilon v_1 + \varepsilon^2 v_2 + \dots\,, \qquad \Psi = \varepsilon \Psi_1 + \varepsilon^2 \Psi_2 + \dots; \end{aligned} \tag{13}$$

comparing like powers of ε, we get from equations (3) to (7) equations to different orders. The first order equations are:

$$\frac{\partial}{\partial x}(r^j u_1) + \frac{\partial}{\partial n}(r^j v_1) = 0\,, \tag{14}$$

$$\frac{\partial u_1}{\partial t} - \nu_1 \frac{\partial^2 u_1}{\partial n^2} = -\frac{\partial p_1}{\partial x}, \tag{15}$$

$$\frac{\partial p_1}{\partial n} = 0\,. \tag{16}$$

The second order equations are

$$\frac{\partial}{\partial x}(r^j u_2 + u_1 n j \sin\theta) + \frac{\partial}{\partial n}(r^j v_2 + knr^j v_1 + n v_1 j \sin\theta) = 0\,, \tag{17}$$

$$\frac{\partial u_2}{\partial t} + u_1 \frac{\partial u_1}{\partial x} + v_1 \frac{\partial u_1}{\partial n} + \frac{\partial p_2}{\partial x} - kn\frac{\partial p_1}{\partial x} = \nu_1\left\{\frac{\partial^2 u_2}{\partial n^2} + k\frac{\partial u_1}{\partial n} + \frac{j \sin\theta}{r}\frac{\partial u_1}{\partial n}\right\}, \tag{18}$$

$$\frac{\partial p_2}{\partial n} = 0\,. \tag{19}$$

It is to be noted that index $j = 0$ gives the equations for the two dimensional motion and $j = 1$, the equations for the axisymmetric case.

3. Solution of the Problem

First Approximation

From eqn. (16) noting that pressure does not vary across the boundary layer we have

$$-\frac{\partial p_1}{\partial x} = -\frac{\partial P_1}{\partial x} = \left.\frac{\partial U_1}{\partial t}\right|_{y=0} = e^t\, U_1(x) \tag{20}$$

where $e^t U_1(x)$ is the first order outer flow velocity on the surface of the body. On introducing the variable

$$\eta = n/\sqrt{\nu_1} \tag{21}$$

and seeking a solution for u_1 in the form

$$u_1(x, \eta, t) = e^t U_1(x) f(\eta) \tag{22}$$

eqn. (15) reduces to the form

$$f''(\eta) - f(\eta) = -1 \tag{23}$$

where primes denote differentiation with respect to η. The boundary and matching conditions are

$$f(0) = 0, \qquad f(\infty) = 1. \tag{24}$$

The solution of (23) subject to (24) is

$$f(\eta) = 1 - e^{-\eta}. \tag{25}$$

From eqn. (14) we have

$$v_1(x, \eta, t) = -\frac{\sqrt{\nu_1}}{r^j}\frac{\partial(r^j U_1)}{\partial x} e^t (\eta + e^{-\eta} - 1), \tag{26}$$

$$\Psi_1(x, \eta, t) = \sqrt{\nu_1}\, r^j U_1(x)\, e^t (\eta + e^{-\eta} - 1). \tag{27}$$

Second Approximation

As v_1 does not vanish when $\eta \to \infty$, the first order inner solution induces a correction in the outer inviscid solution specified by the stream function $\Psi_2(x, y, t)$. To find $\Psi_2(x, 0, t)$ we expand Ψ about $y = 0$ into a TAYLOR series:

$$\Psi = \Psi_1(x, 0, t) + y\frac{\partial \Psi_1}{\partial y}(x, 0, t) + \dots + \varepsilon \Psi_2(x, 0, t) + \dots \tag{28}$$

On introducing an intermediate variable

$$\eta_1 = \sqrt{\varepsilon}\,\eta = y/\sqrt{\varepsilon \nu_1} \tag{29}$$

and matching Ψ with $\varepsilon\Psi_1$ to the first order of ε in an intermediate region, we have

$$\Psi_2(x, 0, t) = -\sqrt{\nu_1}\, r^j U_1(x)\, e^t. \tag{30}$$

This signifies an induced outer flow by the boundary layer. Ψ_2 satisfies (11) and (30) and vanishes when $y \to \infty$. Hence solving for Ψ_2 and using eqn. (8) we can get $U_2(x, y, t)$ so that

$$U_2(x, 0, t) = e^t U_2(x). \tag{31}$$

Matching the inner and outer expressions for the x component of velocity and pressure gradient to $O(\varepsilon)$, we get the condition for u_2 as

$$u_2)_{\eta\to\infty} = e^t U_2(x) - k\sqrt{\nu_1}\,\eta\, e^t U_1(x), \tag{32a}$$

$$\left.\frac{\partial p_2}{\partial x}\right)_{\eta\to\infty} = e^t U_2(x) - e^{2t} U_1(x)\frac{dU_1}{dx}. \tag{32b}$$

From eqn. (19) noting that p_2 is a function of x and t alone and using eqn. (32b) and the first order solutions, the second order eqn. (18) simplifies to

$$\nu_1\frac{\partial^2 u_2}{\partial n^2} - \frac{\partial u_2}{\partial t} = -e^t U_2(x) - e^{2t} U_1(x)\frac{dU_1}{dx} e^{-\eta}(\eta + 1) + \\ + k\sqrt{\nu_1}\, U_1(x)\, e^t(\eta - e^{-\eta}) - \frac{j\sin\theta}{r} e^t \sqrt{\nu_1}\, U_1(x)\, e^{-\eta} + \frac{j}{r}\frac{dr}{dx} U_1^2 e^{2t}[e^{-2\eta} + e^{-\eta}(\eta - 1)]. \tag{33}$$

The solution $u_2(x, \eta, t)$ vanishes at $\eta = 0$ and satisfies (32a) when $\eta \to \infty$. It is given by

$$u_2(x, \eta, t) = e^t U_2(x) F_d(\eta) + e^{2t} u_1 U_1(x) F_p(\eta) + k\sqrt{\nu_1}\, U_1(x)\, e^t F_k(\eta) + \\ + \frac{j\sin\theta}{r}\sqrt{\nu_1}\, U_1(x)\, e^t F_\Lambda(\eta) + \frac{j}{r}\frac{dr}{dx} U_1^2(x)\, e^{2t} F_{\Lambda p}(\eta) \tag{34}$$

where

$$F_d(\eta) = 1 - e^{-\eta}, \quad F_p(\eta) = e^{-\eta\sqrt{2}} + e^{-\eta}(\eta - 1), \quad F_k(\eta) = \eta\left(\tfrac{1}{2}e^{-\eta} - 1\right), \tag{35a), (35b), (35c}$$

$$F_\Lambda(\eta) = \tfrac{1}{2}\eta\, e^{-\eta}, \quad F_{\Lambda p}(\eta) = \tfrac{7}{2}e^{-\eta\sqrt{2}} - \tfrac{1}{2}e^{-2\eta} + e^{-\eta}(\eta - 3). \tag{35d), (35e}$$

Suffix d denotes the displacement effect; p, the pressure gradient effect; k, the longitudinal curvature effect; Λ, the transverse curvature effect; and Λp, the interaction of Λ and p. Equation (35) gives the universal velocity profiles, signifying the respective effects.

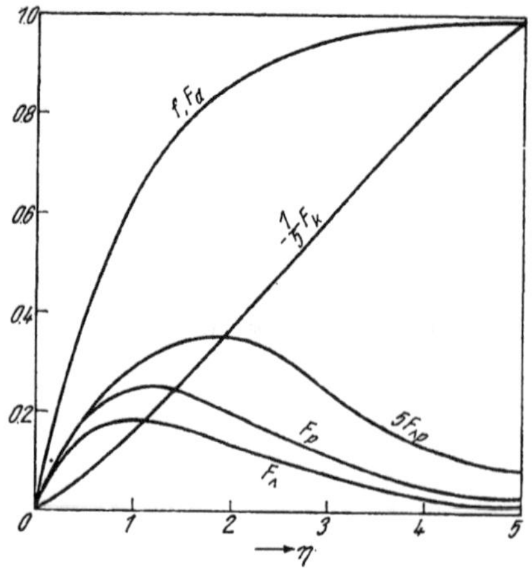

Fig. 2. Universal Velocity Profiles

Fig. 2 shows a plot of these universal velocity profiles from which one can notice the significant contribution of the displacement and longitudinal curvature effects when compared to other effects. It is to be noted that the longitudinal curvature effect (F_k) alone is negative, while all the other effects are positive. The displacement velocity profile F_d is the same as the first order velocity profile f. Since $j = 0$ gives the solution for the two dimensional flow, F_d, F_p and F_k are the universal velocity profiles for the two dimensional case also.

The functions $f(\eta)$ and $F_p(\eta)$ are the same as the functions χ_0' and χ_1' of WATSON [4]. WATSON used the classical PRANDTL's boundary layer approximation to study the two dimensional problem and hence neglected curvature and displacement effects.

An important phenomenon in unsteady flows is separation. Separation of the flow takes place at any given point on the body where

$$\left(\frac{\partial u_1}{\partial \eta} + \varepsilon \frac{\partial u_2}{\partial \eta}\right)_{\eta=0} = 0 . \tag{36}$$

On simplifying eqn. (36), the separation time t or the dimensionless distance s travelled before separation occurs is given by

$$s = \frac{D}{L} = [-1 + \varepsilon \sqrt{v_1}\, g(x)]/G(x) \tag{37}$$

where

$$g(x) = \frac{k}{2} - \frac{j \sin \theta}{2r} - \frac{U_2(x)}{U_1(x) \sqrt{v_1}} \tag{38a}$$

$$G(x) = (2 - \sqrt{2}) \frac{\mathrm{d}U_1}{\mathrm{d}x} + (10 - 7\sqrt{2}) \frac{j U_1}{2r} \frac{\mathrm{d}r}{\mathrm{d}x} \tag{38b}$$

and

$$s = \varepsilon\, \mathrm{e}^t . \tag{38c}$$

When $\varepsilon \sqrt{v_1} \to 0$ we have the separation distance s_1 for first order theory as

$$s_1 = -[G(x)]^{-1} . \tag{39}$$

Hence separation occurs only when $G(x)$ is negative. $g(x)$ denotes the higher order effects on separation. When $G(x) < 0$ and $g(x) < 0$, there is separation and it is delayed. When $G(x) < 0$ and $g(x) > 0$ the combined effect is to accelerate separation. When $G(x) > 0$, there is no separation. From (38a), we find that the individual effects are: when $G(x) < 0$, longitudinal curvature k accelerates separation, transverse curvature $\frac{j \sin \theta}{r}$ delays separation and displacement $\left(\frac{U_2}{U_1 \sqrt{v_1}}\right)$ delays separation.

Putting $j = 0$ in eqn. (38b) and using eqn. (39) we recover

$$s_1 \left(-\frac{\mathrm{d}U_1}{\mathrm{d}x}\right)_{\max} = \sigma = 1.7071 \tag{40}$$

which was the first order solution of WATSON [4] for separation to start first. Separation first occurs where $-G(x)$ is maximum.

4. Applications

The first example that we consider, is the two dimensional impulsive motion of the cylinder considered by WATSON [4] using the classical PRANDTL's boundary layer approximation without higher order effects. Taking the characteristic length L as the radius a of the cylinder, we have

$$k = 1, \quad U_1(x) = 2 \sin x, \quad U_2(x) = 2 \sqrt{\nu_1} \sin x, \quad j = 0. \tag{41}$$

From eqns. (20) and (32b), using (41) we get,

$$P_1(x, 0, t) = 2\, e^t \cos x,$$
$$P_2(x, 0, t) = 2\, e^t \sqrt{\nu_1} \cos x - 2e^{2t} \sin^2 x + \frac{e^{2t}}{2}. \tag{42}$$

Since $\left(-\frac{dU_1}{dx}\right)_{\max} = 2$, from eqn. (40), the distance D travelled before separation starts is ≈ 0.85 times the radius of the cylinder [4]. Due to the present analysis, eqn. (37), (38) and (41) give

$$s = 0.8536 \left[1 + 0.5\varepsilon \sqrt{\nu_1}\right] \tag{43}$$

which shows that separation is delayed due to the higher order effects.

Another important value of aerodynamic interest in impulsive motion is the pressure distribution which causes lift and pressure drag. The pressure coefficient C_p is given by

$$C_p = \frac{p - p_\infty}{\frac{1}{2}\varrho U^2(T)} = \frac{\varepsilon^{-1}\varrho U_0^2(p_1 + \varepsilon p_2 + \ldots)}{\frac{1}{2}\varrho U_0^2\, e^{2t}} = 1 - 4 \sin^2 x + \frac{4}{s}\left(1 + \varepsilon \sqrt{\nu_1}\right) \cos x \tag{44}$$

where $s = \varepsilon\, e^t$ is the distance travelled. As $s \to \infty$, C_p tends to its value in steady potential flow. At any point on the body C_p increases due to higher order effects as indicated in Fig. 3.

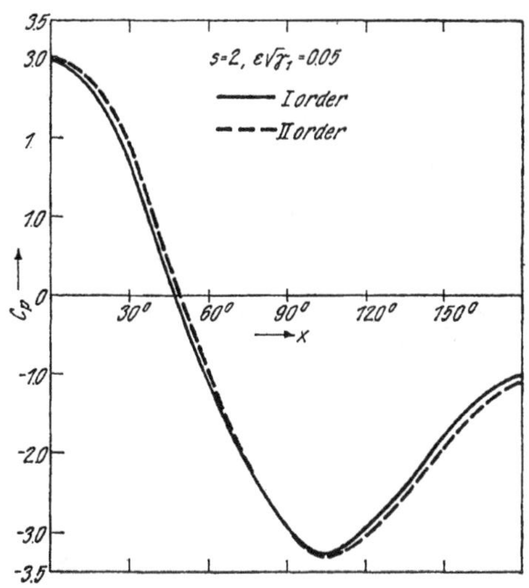

Fig. 3. Pressure Distribution on the Cylinder

As a second example we consider the impulsive motion of a sphere not considered by WATSON along one of its diameter with velocity $U(t)$. The motion is three dimensional and axisymmetric, the direction of motion being the axis of symmetry. For such a motion taking the radius of the sphere a as the characteristic length L, we have

$$j = 1, \quad k = 1, \quad U_1(x) = \tfrac{3}{2} \sin x,$$
$$r = \sin x, \quad \theta = x, \quad U_2(x) = \tfrac{3}{2} \sqrt{\nu_1} \sin x,$$
$$P_1(x, 0, t) = \tfrac{3}{2}\, e^t \cos x, \tag{45}$$
$$P_2(x, 0, t) = \tfrac{3}{2} \sqrt{\nu_1}\, e^t \cos x - \tfrac{9}{8}\, e^{2t} \sin^2 x + \tfrac{1}{2}\, e^{2t}.$$

Separation first occurs at the rear stagnation point $x = \pi$, so that eqns. (37), (38) and (45) give

$$s = 1.047 \left(1 + \varepsilon \sqrt{\nu_1}\right). \tag{46}$$

When $\varepsilon \sqrt{\nu_1} \to 0$, we get from (46), the distance travelled before separation first starts as 1.047 times the radius of the sphere. In this case, the higher order contribution is seen to delay separation.

The pressure coefficient C_p is given by

$$C_p = 1 - \frac{9}{4} \sin^2 x + \frac{3}{s}\left(1 + \varepsilon \sqrt{\nu_1}\right) \cos x;$$

when $\varepsilon \sqrt{\nu_1} \to 0$ eqn. (47) gives the first order pressure coefficient. Fig. 4 shows a plot of C_p versus angular distance x in degrees for sphere. The higher order effects increase the value of C_p at all points on the sphere.

Since $\varepsilon\nu_1 = R_e^{-1}$ where R_e is the REYNOLDS number, for $\varepsilon = 0.25$, Fig. 5 compares the first order and second order boundary layer contributions towards the first occurrence of separation for both cylinder and sphere which represent typical two dimensional and three dimensional axisymmetric motions. When $Re < 10^4$, the higher order effects play a prominent role in delaying separation.

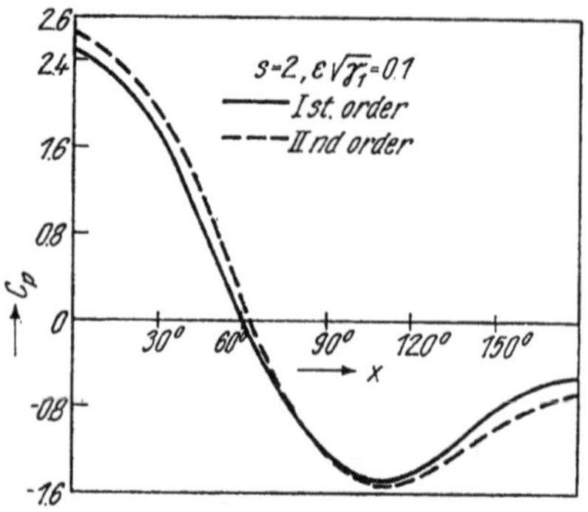

Fig. 4. Pressure distribution on the Sphere

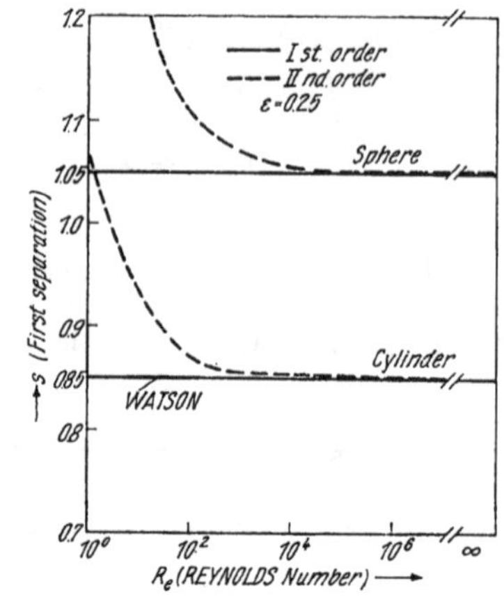

Fig. 5. Higher order Effects on Separation Distance

Acknowledgement

The authors are thankful to the referee for useful suggestions.

References

1 Wang, C. Yl., The flow past a circular cylinder which is started impulsively from rest, J. Math. and Phys. 46, 195–202 (1967).
2 Sozou, C., Boundary layer growth on a spinning sphere, J. Inst. Maths. Applics. 7 (1971).
3 Zapryanov, Z., Boundary layer growth on a spinning sphere, ZAMM 57, 41–46 (1977).
4 Watson, E. J., Boundary layer growth, Proc. Roy. Soc. London, Ser. A **231**, 104–116 (1955).
5 Rosenhead, L., Laminar boundary layers, Oxford University Press (1963).
6 Van Dyke, M., Perturbation methods in Fluid Mechanics, New York-London, Academic Press (1964).

Eingereicht am 9. 3. 1978, in revidierter Fassung am 17. 7. 1979

Anschrift: Prof. Dr. N. R. Rajappa, Department of Aeronautical Engineering, Indian Institute of Technology, Madras 600036. India. — Dr. M. Arunachalam, Department of Mathematics, Government College of Engineering, Paut, Madras, India,

ZAMM 60, 153–160 (1980)

H. Immich

Zweiphasen-Kontinuumstheorie einer Suspension starrer, kugelförmiger Teilchen unter Berücksichtigung der Teilchenrotation

Teil II: Gemittelte Bilanzgleichungen, Vergleich mit ähnlichen Theorien*)

Teil II enthält die volumengemittelten Bilanzgleichungen einer jeden Phase. Die enge Verwandtschaft der volumengemittelten Bilanzgleichungen mit den entsprechenden Beziehungen für polare Flüssigkeiten wird demonstriert.

Part II contains the volume-averaged balance equations of each phase. The close relationship of the volume-averaged balance equations with the corresponding relations for a polar fluid is demonstrated.

Часть II содержит уравнения баланса для каждой фазы, усреднённые по объёму. Демонстрируется близкое сходство уравнений баланса, полученных усреднением по объёму с соответствующими соотношениями для полярных жидкостей.

4. Volumengemittelte Bilanzgleichungen

Nach dem in Kapitel 3.4**) erläuterten Verfahren kann man die Volumenmittelung einer jeden Bilanzgleichung von Kapitel 2 vornehmen. Eine weitere Möglichkeit besteht darin, die Volumenmittelung nur an der Energiebilanz jeder Phase, (Gl. (6 a, b)), durchzuführen. Wie Green und Rivlin [35] gezeigt haben, kann man die Bilanzgleichungen für Masse, Impuls und Impulsmoment aus der Energiebilanz herleiten. Man postuliert dabei, daß die Energiebilanz forminvariant gegenüber Beobachtertransformationen ist. Dieses Verfahren wurde in [14] durchgeführt.

Das Verfahren der Volumenmittelung wird im folgenden an der Massenbilanz erläutert.

Da Phasenübergang nicht berücksichtigt wird, liefern die Integrale über die Phasengrenzflächen S in den Gleichungen (3), (4), (5) und (6) wegen $v_i^S = v_i^\delta = v_i^*$ keinen Beitrag.

4.1 Massenbilanz

a) disperse Phase

Ausgangsgleichungen sind Gl. (55), (56) und die Massenbilanz der dispersen Phase (3a). Wir setzen in Gl. (56) $\psi = \varrho$ und erhalten mit (3a) unter Beachtung von $v_i^\delta = v_i^S$ (kein Phasenübergang):

$$\frac{\mathrm{d}}{\mathrm{d}t}\int\limits_{V'_d(t)} \tilde{\alpha}\varrho\,\mathrm{d}V = -\int\limits_{A_m} \tilde{\alpha}\varrho(v_i^P - v_i^d)\,\mathrm{d}A_i^m\,. \tag{57}$$

Damit erhält man aus Gl. (55)

$$\frac{\mathrm{d}}{\mathrm{d}t}\int\limits_{V_d(t)} \alpha\varrho_d\,\mathrm{d}V = \frac{1}{V_0}\int\limits_{V_0}\int\limits_{A_m} \alpha\varrho(v_i^P - v_i^d)\,\mathrm{d}A_i^m\,\mathrm{d}V_\zeta\,. \tag{58}$$

Wenn man in beiden Integralen auf der rechten Seite die Reihenfolge der Integrationen nochmals umkehrt, erhält man

$$\frac{\mathrm{d}}{\mathrm{d}t}\int\limits_{V_d(t)} \alpha\varrho_d\,\mathrm{d}V = \int\limits_{A_d}\frac{1}{V_0}\int\limits_{V_0} \tilde{\alpha}\varrho(v_i^P - v_i^d)\,\mathrm{d}V\,\mathrm{d}A_i = \int\limits_{A_d}\langle\tilde{\alpha}\varrho(v_i^P - v_i^d)\rangle\,\mathrm{d}A_i\,. \tag{59}$$

Die rechte Seite wird vernachlässigbar klein, da nach Gl. (20) der Mittelwert über eine mittlere Variable näherungsweise gleich der mittleren Variablen ist:

$$\langle\tilde{\alpha}\varrho(v_i - v_i^d)\rangle = \alpha\varrho_d v_i^d - \langle\tilde{\alpha}\varrho v_i^d\rangle \approx \alpha\varrho_d v_i^d - \alpha\varrho_d v_i^d = 0\,.$$

Damit erhält man für die volumengemittelte Massenbilanz der dispersen Phase die Beziehung

$$\frac{\mathrm{d}}{\mathrm{d}t}\int\limits_{V_d(t)} \alpha\varrho_d\,\mathrm{d}V = 0\,. \tag{60a}$$

Die differentielle Form lautet

$$\frac{\partial}{\partial t}(\alpha\varrho_d) + \frac{\partial}{\partial x_j}(\alpha\varrho_d v_j^d) = 0\,. \tag{60b}$$

Verwendet man die substantielle Änderung

$$\frac{D}{Dt_d} = \frac{\partial}{\partial t} + v_j^d\frac{\partial}{\partial x_j}\,, \tag{61}$$

*) Teil I, Volumenmittelung der Bilanzgleichungen, erschien in ZAMM 60, 99–107 (1980). Abb. 1–5 befinden sich im Teil I.
**) Siehe Teil I, [38].

d. h. die Änderung einer Variablen, wie sie ein mit der mittleren Geschwindigkeit v_i^d mitbewegter Beobachter registriert, so erhält man aus Gl. (60b):

$$\frac{D}{Dt_d}(\alpha\varrho_d) + \alpha\varrho_d \frac{\partial v_j^d}{\partial x_j} = 0 . \tag{60c}$$

b) kontinuierliche Phase

Die Herleitung der Massenbilanz für die kontinuierliche Phase kann in Analogie zur dispersen Phase erfolgen mit dem Ergebnis:

$$\frac{d}{dt} \int\limits_{V_c(t)} (1-\alpha)\, \varrho_c \, dV = 0 , \tag{62a}$$

$$\frac{\partial}{\partial t}[(1-\alpha)\,\varrho_c] + \frac{\partial}{\partial x_j}[(1-\alpha)\,\varrho_c v_j^c] = 0 , \tag{62b}$$

$$\frac{D}{Dt_c}[(1-\alpha)\,\varrho_c] + (1-\alpha)\,\varrho_c \frac{\partial v_j^c}{\partial x_j} = 0 . \tag{62c}$$

4.2 Impulsbilanz

a) disperse Phase

Setzt man in Gl. (56) für ψ den Impuls $\varrho v_i = \varrho(v_i^P + \varepsilon_{ijk}\omega_j x_k')$, vgl. Gl. (26) ein, erhält man unter Beachtung der Definitionen in den Tabellen 1, 2 und 3 die Impulsbilanz der dispersen Phase:

$$\frac{d}{dt} \int\limits_{V_d(t)} \alpha\varrho_d v_i^d \, dV = \int\limits_{A_d} \alpha(\pi_{ji}^d - \varrho_d J_{ij}^d)\, dA_j + \int\limits_{V_d} (\alpha\varrho_d f_i^d + F_i^d)\, dV . \tag{63a}$$

Die differentielle Form unter Verwendung der Massenbilanz lautet:

$$\alpha\varrho_d \frac{Dv_i^d}{Dt_d} = \frac{\partial}{\partial x_j}[\alpha(\pi_{ji}^d - \varrho_d J_{ij}^d)] + \alpha\varrho_d f_i^d + F_i^d . \tag{63b}$$

b) kontinuierliche Phase

Für die kontinuierliche Phase erhält man die entsprechenden Gleichungen:

$$\frac{d}{dt} \int\limits_{V_c(t)} (1-\alpha)\,\varrho_c v_i^c \, dV = \int\limits_{A_c} (1-\alpha)\,(\pi_{ji}^c - \varrho_c J_{ij}^c)\, dA_j + \int\limits_{V_c} [(1-\alpha)\,\varrho_c f_i^c + F_i^c]\, dV . \tag{64a}$$

Die differentielle Form von Gl. (64a) lautet mit Gl. (52):

$$(1-\alpha)\varrho_c \frac{Dv_i^c}{Dt_c} = \frac{\partial}{\partial x_j}[(1-\alpha)\,(\pi_{ji}^c - \varrho_c J_{ij}^c)] + (1-\alpha)\,\varrho_c f_i^c - F_i^d . \tag{64b}$$

c) Diskussion

Die Impulsgleichungen für die disperse und die kontinuierliche Phase sind durch die Wechselwirkungskraft F_i^d miteinander gekoppelt. Für beide Phasen stimmen die Gleichungen mit den von Drew [11] hergeleiteten Beziehungen überein.

4.3 Impulsmomentenbilanz

a disperse Phase

Setzt man in Gl. (56) für ψ das Impulsmoment $\varrho\varepsilon_{ijk}x_j v_k$ ein, erhält man unter Beachtung der Gl. (26) und der Definitionen in den Tabellen 1 bis 3 die Impulsmomentenbilanz der dispersen Phase. Die integrale Form lautet:

$$\frac{d}{dt} \int\limits_{V_d(t)} \alpha\varrho_d(\varepsilon_{ijk}x_j v_k^d + \vartheta_d\omega_i^d)\, dV = \int\limits_{A_d} \alpha[\varepsilon_{ijk}x_j(\pi_{lk}^d - \varrho_d J_{kl}) + \lambda_{li}^d - \varrho_d\vartheta_d D_{li}^d]\, dA_l + \\ + \int\limits_{V_d} [\varepsilon_{ijk}x_j(\alpha\varrho_d f_k^d + F_k^d) + M_i^d]\, dV \tag{65a}$$

mit λ_{li}^d nach Gl. (39) und $\alpha\varrho_d\vartheta_d D_{li}^d$ nach Gl. (44).

In der differentiellen Form erhält man daraus unter Berücksichtigung der Massen- und Impulsbilanz die Beziehung für die Teilchenrotation ω_i^d:

$$\alpha\varrho_d\vartheta_d \frac{D\omega_i^d}{Dt_d} = \alpha\varepsilon_{ijk}\pi_{jk}^d + \frac{\partial}{\partial x_l}[\alpha(\lambda_{li}^d - \varrho_d\vartheta_d D_{li}^d)] + M_i^d . \tag{65b}$$

Hieraus folgt, daß der gemittelte Spannungstensor der dispersen Phase nicht symmetrisch ist:

$$\varepsilon_{ijk}\pi^d_{jk} \neq 0 \,.$$

b) kontinuierliche Phase

Die Impulsmomentenbilanz der kontinuierlichen Phase kann analog zur dispersen Phase hergeleitet werden. In integraler Form erhält man:

$$\frac{\mathrm{d}}{\mathrm{d}t}\int\limits_{V_c(t)} (1-\alpha)\,\varrho_c\varepsilon_{ijk}x_jv^c_k\,\mathrm{d}V = \int\limits_{A_c} (1-\alpha)\,\varepsilon_{ijk}x_j(\pi^c_{lk} - \varrho_cJ^c_{kl})\,\mathrm{d}A_l + $$

$$+ \int\limits_{V_c} \{\varepsilon_{ijk}x_j[(1-\alpha)\,\varrho_cf^c_k + F^c_k] + M^c_i\}\,\mathrm{d}V \,. \tag{66a}$$

Die differentielle Form lautet nach Anwendung des Transporttheorems und nach Einsetzen der Massen- und Impulsbilanz der dispersen Phase, Gl. (62c) und (64b)

$$(1-\alpha)\,\varepsilon_{ijk}\pi^c_{jk} = M^d_i \,. \tag{66b}$$

Dabei wurde beachtet, daß $\varepsilon_{ijk}J^c_{jk} = 0$ wegen $J^c_{jk} = J^c_{kj}$, vgl. Gl. (43b). Der Spannungstensor der kontinuierlichen Phase ist damit ebenso wie der Spannungstensor der dispersen Phase nicht symmetrisch. Der antimetrische Anteil nach (66b) wird durch den Einfluß der Teilchen auf die kontinuierliche Phase hervorgerufen.

c) Diskussion

Zur Diskussion der antimetrischen Spannungen in den Gln. (65b) und (66b) integrieren wir Gl. (65b) über $V_d(t)$ und erhalten nach einer Umformung der linken Seite mit Hilfe des Transporttheorems die Beziehung

$$\frac{\mathrm{d}}{\mathrm{d}t}\int\limits_{V_d(t)} \alpha\varrho_d\vartheta_d\omega^d_i\,\mathrm{d}V = \int\limits_{V_d} [\alpha\varepsilon_{ijk}\pi^d_{jk} + M^d_i]\,\mathrm{d}V + \int\limits_{A_d} \alpha(\lambda^d_{li} - \varrho_d\vartheta_dD^d_{li})\,\mathrm{d}A_l \,. \tag{67}$$

Setzt man dieses Ergebnis in die Impulsmomentenbilanz (65a) der dispersen Phase ein, erhält man

$$\frac{\mathrm{d}}{\mathrm{d}t}\int\limits_{V_d(t)} \alpha\varrho_d\varepsilon_{ijk}x_jv^d_k\,\mathrm{d}V = \varepsilon_{ijk}\int\limits_{V_d} [-\alpha\pi^d_{jk} + x_j(\alpha\varrho_df^d_k + F^d_k)]\,\mathrm{d}V + \varepsilon_{ijk}\int\limits_{V_d} \alpha x_j(\pi^d_{lk} - \varrho_dJ^d_{kl})\,\mathrm{d}A_l \,. \tag{68}$$

Die entsprechende Beziehung für die kontinuierliche Phase lautet

$$\frac{\mathrm{d}}{\mathrm{d}t}\int\limits_{V_c(t)} (1-\alpha)\,\varrho_c\varepsilon_{ijk}x_jv^c_k\,\mathrm{d}V = \varepsilon_{ijk}\int\limits_{V_c} [-(1-\alpha)\,\pi^c_{jk} + x_j(1-\alpha)\,\varrho_cf^c_k + x_jF^c_k]\,\mathrm{d}V + $$

$$+ \varepsilon_{ijk}\int\limits_{A_c} (1-\alpha)\,x_j(\pi^c_{lk} - \varrho_cJ^c_{kl})\,\mathrm{d}A_l \,. \tag{69}$$

Gleichung (68) stellt die Bilanzgleichung für das Impulsmoment der Translationsbewegung der Teilchen dar. Der antimetrische Anteil des Spannungstensors, repräsentiert durch den Vektor $\varepsilon_{ijk}\pi^d_{jk}$, wirkt demnach als „Senke" für das Impulsmoment der Translationsbewegung der Teilchen (in Gl. (68) erscheint $-\varepsilon_{ijk}\pi^d_{jk}$ rechts) und als „Quelle" für das Impulsmoment der Rotationsbewegung (in Gl. (67) und (65b) erscheint $+\varepsilon_{ijk}\pi^d_{jk}$ rechts). Das Impulsmoment der Translationsbewegung der Teilchen kann also durch die antimetrischen Spannungen in Impulsmoment der Rotationsbewegung $\varrho_d\vartheta_d\omega^d_i$ umgewandelt werden und umgekehrt.

Dieser Effekt kann jedoch nur dann auftreten, wenn die Teilchen bei einem großen Volumenanteil ($\alpha \to \alpha_{\max}$) in direktem Kontakt miteinander sind. Bei kleinerem Volumenanteil sind die Teilchen im allgemeinen einzeln suspendiert. Damit spielt der Impulsaustausch der Teilchen untereinander keine Rolle, vgl. hierzu [14], [31].

Der antimetrische Anteil des Spannungstensors der kontinuierlichen Phase in Gl. (69) wirkt ebenfalls als „Senke" für das Impulsmoment der kontinuierlichen Phase, da wegen (65b) und (66b) ein Teil des Impulsmoments der kontinuierlichen Phase dazu verwendet wird, die Teilchen in Drehung zu versetzen.

Eine Änderung des Impulsmoments $\varrho_d\vartheta_d\omega^d_i$ der Teilchen kann nach Gl. (65b) somit durch die folgenden drei Effekte (auf der rechten Seite) verursacht werden:

1. Umwandlung des Impulsmoments der Translationsbewegung der Teilchen in Impulsmoment der Rotationsbewegung durch direkten Kontakt der Teilchen miteinander (nur für $\alpha \to \alpha_{\max}$).

2. Durch das Auftreten von Momentenspannungen. Die Momentenspannungen stellen entsprechend Gl. (67) einen Fluß an Impulsmoment $\varrho_d\vartheta_d\omega^d_i$ in das Volumen V_d dar. Sie setzen sich aus zwei Anteilen zusammen: $\mu^d_{ij} = \lambda^d_{ij} - \varrho_d\vartheta_dD^d_{ij}$, wobei λ^d_{ij} den Mittelwert des Moments der Spannungen im Innern der Teilchen um ihre Mittelpunkte darstellt. Ein wesentlicher Beitrag ist nur dann zu erwarten, wenn die Teilchen in direktem Kontakt (für $\alpha \to \alpha_{\max}$) miteinander sind. Der zweite Anteil stellt den diffusiven Impulsmomentenstrom $\varrho_d\vartheta_dD^d_{ij}$ dar, der als Folge der Volumenmittelung auftritt und das Analogon zu dem diffusiven Impulsstrom J^d_{ij} darstellt.

3. Das Moment, das die kontinuierliche Phase auf die disperse Phase ausübt, stellt das Analogon zur Wechselwirkungskraft F^d_i im Impulssatz dar.

Eine weitere Quelle für das Impulsmoment, die hier nicht berücksichtigt wird, kann ein der Massenkraft f_i^d entsprechendes Massenmoment sein. Wenn die Teilchen beispielsweise magnetisch polarisiert sind und sich in einem äußeren Magnetfeld befinden, so erfahren sie ein Moment.

Ein Vergleich mit der Arbeit von Drew [11] zeigt bei der Herleitung des Impulsmomentensatzes wesentliche Unterschiede zu den hier erhaltenen Beziehungen für eine Suspension starrer kugelförmiger Teilchen. Drew hat in seiner Arbeit [11] ein allgemeines Zweiphasengemisch betrachtet und demgemäß keine Zerlegung der Geschwindigkeit der dispersen Phase in eine Translationsgeschwindigkeit und eine Starrkörperrotation wie in Gl. (24) vorgenommen. Ohne die Berücksichtigung der Starrkörperrotation liefert der Impulsmomentensatz lediglich die Aussage, daß beide Spannungstensoren π_{ij}^d und π_{ij}^c symmetrisch sind.

4.4 Energiebilanz

a) disperse Phase

Setzt man in Gl. (56) für ψ die Gesamtenergie (innere und kinetische) Energie ein, $\psi = \varrho(u + \frac{1}{2} v_i v_i)$, erhält man mit den Definitionen in den Tabellen 1 bis 3 die Energiebilanz der dispersen Phase in integraler, volumengemittelter Form, vgl. [14]:

$$\frac{\mathrm{d}}{\mathrm{d}t} \int\limits_{V_d(t)} \alpha\varrho_d\left(u_d + \frac{1}{2} v_i^d v_i^d + \frac{1}{2} \vartheta_d \omega_i^d \omega_i^d + \frac{1}{2} J_{ii}^d + \frac{1}{2} \vartheta_d \Omega_{ii}^d\right) \mathrm{d}V =$$

$$= \int\limits_{A_d} \alpha[(\pi_{ji}^d - \varrho_d J_{ij}^d)\, v_i^d + (\lambda_{ji}^d - \varrho_d \vartheta_d D_{ji}^d)\, \omega_i^d + P_j^d + L_j^d + q_j^d - \varrho_d G_j]\, \mathrm{d}A_j +$$

$$+ \int\limits_{V_d} [\alpha\varrho_d(r_d + f_i^d v_i^d) + F_i^d v_i^d + M_i^d \omega_i^d + E_d]\, \mathrm{d}V\,. \tag{70a}$$

Die differentielle Form nach Einsetzen der Massen-, Impuls- und Impulsmomentenbilanz der dispersen Phase lautet:

$$\alpha\varrho_d \frac{Du_d}{Dt_d} + \alpha\varrho_d \frac{D}{Dt_d}\left[\frac{1}{2}(J_{ii}^d + \vartheta_d \Omega_{ii}^d)\right]$$

$$= \alpha(\pi_{(ij)}^d - \varrho_d J_{ij}^d)\, d_{ij}^d + \alpha\pi_{[ij]}^d(\omega_{ij}^d - w_{ij}^d) + \alpha(\lambda_{ji}^d - \varrho_d \vartheta_d D_{ji}^d) \frac{\partial \omega_i^d}{\partial x_j} +$$

$$+ \frac{\partial}{\partial x_j}[\alpha(q_j^d + P_j^d + L_j^d - \varrho_d G_j^d)] + \alpha\varrho_d r_d + E_d + S_d\,. \tag{70b}$$

Dabei wurde der Geschwindigkeitsgradient $\partial v_i^d/\partial x_j$ in einen symmetrischen und einen antimetrischen Anteil zerlegt:

$$\frac{\partial v_i^d}{\partial x_j} = d_{ij}^d + w_{ij}^d\,, \tag{71a}$$

$$d_{ij}^d = \frac{1}{2}\left(\frac{\partial v_i^d}{\partial x_j} + \frac{\partial v_j^d}{\partial x_i}\right) = d_{ji}^d\,, \qquad w_{ij}^d = \frac{1}{2}\left(\frac{\partial v_i^d}{\partial x_j} - \frac{\partial v_j^d}{\partial x_i}\right) = -w_{ji}^d\,, \tag{71b, c}$$

$$\omega_{ij}^d = -\varepsilon_{ijk}\omega_k^d\,. \tag{71d}$$

b) kontinuierliche Phase

Die Energiebilanz für die kontinuierliche Phase kann in Analogie zur dispersen Phase hergeleitet werden. In integraler Form erhält man:

$$\frac{\mathrm{d}}{\mathrm{d}t} \int\limits_{V_c(t)} (1-\alpha)\,\varrho_c\left(u_c + \frac{1}{2} v_i^c v_i^c + \frac{1}{2} J_{ii}^c\right) \mathrm{d}V = \int\limits_{A_c} (1-\alpha)\,[(\pi_{ji}^c - \varrho_c J_{ij}^c)\, v_i^c + q_j^c + P_j^c - \varrho_c G_j^c]\, \mathrm{d}A_j +$$

$$+ \int\limits_{V_c} [(1-\alpha)\,\varrho_c(r_c + f_i^c v_i^c) - F_i^d v_i^d - M_i^d \omega_i^d + E_c]\, \mathrm{d}V\,. \tag{72a}$$

Mit dem Ergebnis (66b) aus der Impulsmomentenbilanz der kontinuierlichen Phase und mit (66 a, b) erhält man für die Leistung des Moments $M_i^d \omega_i^d$ die Beziehung

$$M_i^d \omega_i^d = (1-\alpha)\,\varepsilon_{ijk}\omega_i^d \pi_{jk}^c = -(1-\alpha)\,\omega_{ij}^d \pi_{ij}^c\,. \tag{73}$$

Nach Einsetzen der Massen- und Impulsbilanz erhält man mit Gl. (73) die differentielle Form der Energiegleichung der kontinuierlichen Phase in der Form:

$$(1-\alpha)\,\varrho_c \frac{Du_c}{Dt_c} + (1-\alpha)\,\varrho_c \frac{1}{2} \frac{DJ_{ii}^c}{Dt_c} = (1-\alpha)\,[(\pi_{(ij)}^c - \varrho_c J_{ij}^c)\, d_{ij}^c + \pi_{[ij]}^c(\omega_{ij}^d - w_{ij}^c)] +$$

$$+ \frac{\partial}{\partial x_j}[(1-\alpha)\,(q_j^c + P_j^c - \varrho_c G_j^c)] + (1-\alpha)\,\varrho_c r_c + F_i^d(v_i^c - v_i^d) + E_c\,. \tag{72b}$$

c) Diskussion

Die Energiebilanz der dispersen Phase in integraler Form, Gl. (70a), zeigt, daß die Gesamtenergie der dispersen Phase (kinetische und innere Energie) in dem mit der mittleren Geschwindigkeit v_i^d mitbewegten Volumen $V_d(t)$ sich aus fünf Anteilen zusammensetzt:

1. mittlere innere Energie,
2. kinetische Energie der mittleren Translationsbewegung,
3. kinetische Energie der mittleren Rotationsbewegung,
4. diffusive kinetische Energie der Translationsbewegung $v_i^P - v_i^d$. Dieser Term entspricht der kinetischen Energie der Schwankungsbewegung, die bei der Beschreibung einer turbulenten Strömung eines homogenen Fluids in Mittelwerten als Folge der Mittelung auftritt,
5. diffusive kinetische Energie der Rotationsbewegung.

Die durch die Oberfläche A_d zugeführte Energie setzt sich nach Gl. (70a) aus der Leistung der Spannungen und der Momentenspannungen sowie den durch die Mittelung auftretenden diffusiven Anteilen dieser Leistungen P_j^d und L_j^d zusammen. Dazu kommt noch die durch A_d eintretende Wärme (z. B. durch Leitung, Strahlung) und der diffusive Energiestrom G_j^d, der als Folge der Mittelung eine Rolle spielt, wenn die lokalen Variablen u, v_i^P und ω_i von den entsprechenden mittleren Variablen verschieden sind.

Die innerhalb des Volumens $V_d(t)$ erzeugte Energie enthält neben den „klassischen" Termen $\alpha\varrho_d r_d$ (Energiequelle z. B. infolge chemischer Reaktion) und $\alpha\varrho_d f_i^d v_i^d$ (Leistung der Massenkräfte) die infolge der Wechselwirkung mit dem Fluid erscheinenden Leistungen $F_i^d v_i^d$ und $M_i^d \omega_i^d$ und die entsprechenden diffusiven Anteile dieser Leistungen, die mit dem Wärmeübergang $\langle q_j n_j \rangle$ zur Energieerzeugung E_d zusammengefaßt sind, vgl. Tabelle 3, Gl. (51a).

Anhand der differentiellen Form der Energiebilanz der dispersen Phase, Gl. (70b), kann man erkennen, wie die (mittleren) Spannungen und Momentenspannungen der dispersen Phase eine Änderung der inneren Energie erzeugen können. Der antimetrische Anteil des Spannungstensors der dispersen Phase kann zu einer Erhöhung der inneren Energie beitragen, falls die Teilchenrotation von der Drehung eines Volumenelements der dispersen Phase verschieden ist. Nur wenn die Teilchen in unmittelbarem Kontakt miteinander sind ($\alpha \to \alpha_{max}$), kann dieser Term eine Rolle spielen. Wenn die Teilchen einzeln suspendiert sind, kann keine direkte Wechselwirkung zwischen der Teilchenrotation und der Drehung eines (viele Teilchen enthaltenden) Volumenelements der dispersen Phase auftreten. Eine ähnliche Feststellung gilt für die Momentenspannungen: Der Gradient der Teilchenrotation $\partial\omega_i^d/\partial x_j$ kann nur dann einen Einfluß haben, wenn die Teilchen in direktem Kontakt miteinander sind, und nur in diesem Fall sind die Momentenspannungen von Bedeutung.

Die Diskussion der Energiebilanz der kontinuierlichen Phase kann in Analogie zur dispersen Phase erfolgen Betrachtet man die integrale Form, Gl. (72a), so sieht man, daß die durch die Wechselwirkungskraft F_i^d und das Moment M_i^d an die Teilchen in V_d abgegebene Leistung als Verlust ($-F_i^d v_i^d$ und $-M_i^d \omega_i^d$) erscheint.

5. Vergleich mit ähnlichen Bilanzgleichungen

5.1 Vergleich mit Buyevich und Markov

Die Arbeit von Buyevich und Markov [4], [29] beinhaltet ebenfalls eine Zweiphasentheorie für eine Suspension starrer kugelförmiger Teilchen unter Berücksichtigung der Rotation der Teilchen. Phasenübergang wird nicht behandelt, Bilanzgleichungen werden nur für Masse, Impuls und Impulsmoment aufgestellt. Dabei verwenden Buyevich und Markov eine Volumenmittelung und Mittelwerte für die Geschwindigkeiten und den Druck, die mit den hier verwendeten Mittelwerten übereinstimmen. Die in [4] abgeleiteten Beziehungen für die Massenbilanz stimmen mit den Gln. (60 a, b, c) und (62 a, b, c) überein.

Bei der Herleitung der Impuls- und der Impulsmomentenbilanz lassen Buyevich und Markov alle diffusiven Terme außer Acht (dies entspricht der Vernachlässigung des letzten Integrals in (56)). Außerdem wird in [4] von vornherein der Spannungstensor der dispersen Phase vernachlässigt, d. h. der Einfluß der Spannungen in den Teilchen, die von der Oberfläche des Volumens $V(t)$ in Gl. (4a) durchschnitten werden, bleibt unberücksichtigt.

In der hier verwendeten Schreibweise lautet die Impulsbilanz nach Buyevich und Markov [4]:

$$\alpha\varrho_d \frac{Dv_i^d}{Dt_d} = \alpha\varrho_d f_i^d + F_i^d\,, \tag{63b*}$$

$$(1-\alpha)\,\varrho_c \frac{Dv_i^c}{Dt_c} = \frac{\partial\hat{\pi}_{ji}}{\partial x_j} + (1-\alpha)\,\varrho_c f_i^c - F_i^d \tag{64b*}$$

mit

$$\hat{\pi}_{ji} = \frac{1}{V_0}\int\limits_{V_0} \pi_{ji}\,\mathrm{d}V\,. \tag{64b**}$$

Während Gl. (63b*) für die disperse Phase mit Gl. (63) bei Vernachlässigung von π_{ij} und J_{ij}^d übereinstimmt, unterscheiden sich die Spannungstensoren in (64b*) und (64b) wesentlich voneinander. In Gl. (64b) erscheint die Divergenz der mittleren Spannungen im Fluid und der entsprechenden diffusiven Spannungen $\partial/\partial x_j\,[(1-\alpha)\,(\pi_{ji}^c - \varrho_c J_{ij}^c)]$, während nach Buyevich und Markov in Gl. (64b*) die Divergenz der über Fluid und Teilchen gemittelten Spannungen auftritt.

Dies ist eine Folge der Vernachlässigung des Einflusses der Spannungen in den Teilchen, die von $V_d(t)$ durchschnitten werden. Als Folge dieser Vernachlässigung setzen Buyevich und Markov in ihren der Impulsbilanz (4 a, b) entsprechenden Beziehungen das Integral über die Spannungen in den von $V(t)$ durchschnittenen Teilchen $\int \tilde{\alpha}\pi_{ji}\,dA_j$ in Gl. (4a) gleich Null und ersetzen das Integral $\int (1-\tilde{\alpha})\,\pi_{ji}\,dA_j$ in Gl. (4b) durch das Integral $\int \pi_{ji}\,dA_j$. Das bedeutet aber, daß jetzt der Einfluß der Spannungen in den

Teilchen in der kontinuierlichen Phase erscheint, da das Integral $\int \pi_{ji}\, dA_j$ und die entsprechende Umformung nach der Volumenmittelung in $\partial\hat{\pi}_{ji}/\partial x_j$, Gl. (64 b**), die Spannungen im Fluid und in den Teilchen erfaßt.

Da in Gl. (64 b) dieser Einfluß berücksichtigt wird, ist dieses Ergebnis als das exaktere zu betrachten.

Für die Impulsmomentenbilanz der dispersen Phase erhalten BUYEVICH und MARKOV das einfache Ergebnis:

$$\alpha\varrho_d\vartheta_d \frac{D\omega_i^d}{Dt_d} = M_i^d . \qquad (65\,b^*)$$

Vernachlässigt man in (65 b) den Spannungstensor und den Tensor der Momentenspannungen, so erhält man (65b*). Das Modell von BUYEVICH und MARKOV ist somit nicht in der Lage, Wechselwirkungen zwischen den Teilchen (durch direkten Kontakt und Stöße) zu erfassen.

Die Impulsmomentenbilanz für die kontinuierliche Phase von BUYEVICH und MARKOV unterscheidet sich wesentlich von Gl. (66b). BUYEVICH und MARKOV führen ein dem mittleren Impulsmoment $\alpha\varrho_d\vartheta_d\omega_i^d$ der dispersen Phase entsprechendes „inneres Impulsmoment" $(1-\alpha)\,\varrho_c K_0^c$ ein und postulieren, daß dieses Impulsmoment durch die Wirbel in der lokalen Fluidbewegung verursacht wird, die bei der Volumenmittelung der Geschwindigkeit des Fluids verschwinden und somit nicht erfaßt werden können. Da bei der Herleitung der Impulsmomentenbilanz aus der Energiebilanz der kontinuierlichen Phase ein entsprechender Term nicht auftritt, vgl. [14], scheint die Einführung eines inneren Impulsmoments $(1-\alpha)\,\varrho_c K_0^c$ nicht sinnvoll, zumal der Einfluß von auftretenden Wirbeln im Fluid in der Energiebilanz berücksichtigt wird.

Dazu betrachten wir folgendes Beispiel, vgl. Bild 6:

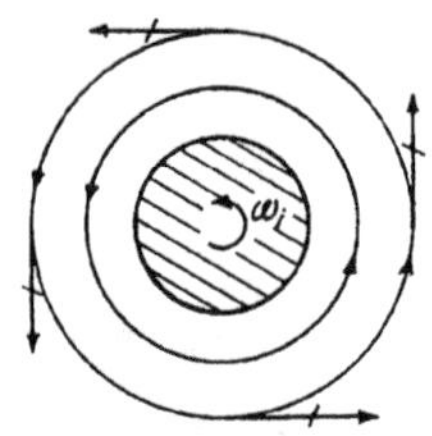

Bild 6. Rotierendes kugelförmiges Teilchen in einem Fluid mit der mittleren Geschwindigkeit $v_i^c = 0$. Bei der Volumenmittelung von $(1-\tilde{\alpha})\,v_i$ heben sich die Geschwindigkeiten gegenseitig auf.

In Bild 6 ist das Geschwindigkeitsfeld skizziert, das ein Teilchen in einem ruhenden Fluid induziert (ω_i ist normal zur Bildebene). Die Volumenmittelung der Geschwindigkeit des Fluids ergibt $v_i^c = 0$. Der Term $(1-\alpha)\,\varrho_c J_{ii}^c = \langle(1-\tilde{\alpha})\,\varrho(v_i - v_i^c)\,(v_i - v_i^c)\rangle = \langle(1-\tilde{\alpha})\,\varrho v_i v_i\rangle$ ist jedoch von Null verschieden, da die lokale Geschwindigkeit quadratisch auftritt. Mit $(1-\alpha)\,\varrho_c J_{ii}^c$ in Gl. (72 a, b, c) wird somit der Einfluß von Wirbeln bei der Volumenmittelung der Geschwindigkeit berücksichtigt. Da BUYEVICH und MARKOV die Energiebilanz nicht behandeln und alle diffusiven Terme vernachlässigen, kann dieser Einfluß von ihren Gleichungen nicht wiedergegeben werden.

Ein weiterer Unterschied besteht in dem Auftreten von Momentenspannungen in der Impulsmomentenbilanz der kontinuierlichen Phase bei BUYEVICH und MARKOV. Die Definition des Tensors der Momentenspannungen λ_{ij}^d ist ähnlich wie in Gl. (39), wobei jedoch wie bei dem Spannungstensor $\hat{\pi}_{ij}$, Gl. (64 b**), über Fluid und Teilchen gemittelt wird. Dies ist ebenfalls eine Folge der Vernachlässigung des Einflusses der von $V(t)$ durchschnittenen Teilchen in Gl. (5 a, b).

5.2 Andere Zweiphasentheorien

Es werden hier nur Zweiphasentheorien besprochen, die eine Suspension starrer kugelförmiger Teilchen behandeln und die ebenfalls die Teilchenrotation durch Anwenden des Impulsmomentensatzes berücksichtigen.

Die Ergebnisse der Mittelung nach DREW [11] für ein allgemeines Zweiphasengemisch ohne Einführung der Starrkörperrotation der dispersen Phase werden von DREW und SEGEL in [32] ausführlich mit ähnlichen Theorien verglichen.

AFANAS'EV und NIKOLAEVSKII [27] untersuchen eine Zweiphasentheorie für eine Suspension kugelförmiger Teilchen auf der Grundlage von zwei einander durchdringenden Kontinua, wobei sie die grundlegende Arbeit von AERO, BULYGIN und KUVSHINSKII [26] über antimetrische Spannungen in einem Kontinuum auf den Fall eines Zweiphasenmodells anwenden. Ihre so postulierten Gleichungen für Masse, Impuls und Impulsmoment stimmen im wesentlichen mit den hier durch eine Volumenmittelung der exakten Bilanzgleichungen erzielten Ergebnissen überein, wenn man sämtliche diffusiven Terme vernachlässigt. Da ihre Ergebnisse nur für kleine Volumenanteile der dispersen Phase gültig sind, treten keine Momentenspannungen in dem Impulsmomentensatz der dispersen Phase auf. Phasenübergang wird nicht behandelt, eine Energiebilanz wird nicht aufgestellt.

HAMED und TABAKOFF [36] leiten eine dem Impulsmomentensatz der dispersen Phase, Gl. (65 b), entsprechende Beziehung aus einer einfachen Impulsmomentenbilanz für ein Volumen des Zweiphasengemisches (Suspension starrer kugelförmiger Teilchen) her. Antimetrische Spannungen der dispersen Phase und Momentenspannungen treten in ihrer Ableitung demgemäß nicht auf, ebenso keine diffusiven Anteile, Phasenübergang wird nicht behandelt. Der Impulsmomentensatz der dispersen Phase wird in [37] dazu verwendet, den Spannungstensor der kontinuierlichen Phase durch eine Gl. (66b) entsprechende Beziehung um die antimetrischen Anteile zu erweitern. Die verwendete Impulsgleichung für die kontinuierliche Phase enthält den Spannungstensor in der Form $\partial\tau_{ji}^c/\partial x_j$, wobei im folgenden für den symmetrischen Anteil von τ_{ij}^c der Spannungstensor eines newtonschen Fluids mit der konstanten Viskosität des Fluidmaterials allein eingesetzt wird. Ein Vergleich mit Gl. (63 a, b) jedoch zeigt, daß der Spannungstensor der kontinuierlichen Phase in der Form $\partial[(1-\alpha)\,\tau_{ji}^c]/\partial x_j$ mit $\tau_{ji}^c = \pi_{ji}^c - \varrho_c J_{ij}^c$ vorkommt. Außerdem sollte ein geeigneter Ansatz für den symmetrischen Teil von τ_{ij}^c die Abhängigkeit der Viskosität von α berücksichtigen, vgl. [31], [32], [14].

5.3 Einphasentheorien mit antimetrischen Spannungen und Flüssigkeiten mit Mikrostruktur

In der Arbeit von BATCHELOR [28] wird ein homogenes Modell für eine Suspension nicht kugelförmiger Teilchen aufgestellt mit dem Ziel, für diese Suspension einen geeigneten Ansatz für den Spannungstensor zu finden. Dabei soll auf die Teilchen ein äußeres Moment wirken (aber keine Kraft). BATCHELOR führt eine der Gl. (13) entsprechende Volumenmittelung durch und erhält für den Spannungstensor der Suspension u. a. die Aussage, daß der antimetrische Anteil des Spannungstensors durch das äußere Moment auf die Teilchen verursacht wird. Dieses Ergebnis ist zwar nicht direkt mit Gl. (66b) vergleichbar, da BATCHELOR ein homogenes (Einphasen-) Modell verwendet, doch zeigt es ebenso wie Gl. (66b), daß durch den Einfluß der Teilchen der mittlere Spannungstensor einen antimetrischen Anteil erhält.

Von den Arbeiten über Flüssigkeiten mit Mikrostruktur *), die sich mit antimetrischen Spannungen und Momentenspannungen in einem Kontinuum (Fluid) befassen, seien vor allem die Arbeiten von GRAD [34], AERO, BULYGIN und KUVSHINSKII [26], DAHLER und SCRIVEN [7] erwähnt. Dabei verwenden GRAD [34] und DAHLER und SCRIVEN [7] Methoden der statistischen Mechanik, um die Bilanzgleichungen für die makroskopische Bewegung des Fluids herzuleiten, wobei die Molekülstruktur des Fluids und das Impulsmoment (Spin) der rotierenden Moleküle berücksichtigt wird. So wie die Geschwindigkeit v_i des Fluids als lokaler Mittelwert der Translationsgeschwindigkeiten der Moleküle definiert werden kann, so definiert der lokale Mittelwert der Rotation der Moleküle ein makroskopisches Feld der Rotation ω_i. Das Teilchenkontinuum (disperse Phase), das in der vorliegenden Arbeit in Kapitel 4 durch Mittelung über eine repräsentative Zahl von Teilchen ermittelt wurde, ist eng verwandt mit den von GRAD [34] und DAHLER und SCRIVEN [7] behandelten Kontinua: Die Impulsmomentenbilanz der dispersen Phase, Gl. (65b), geht in die in [34] und [7] hergeleitete Beziehung über, wenn man die Wechselwirkung mit dem Fluid außer Betracht läßt ($M_i^d = 0$). Dies kann man z. B. durch den Grenzübergang $\alpha \to 1$ und $a \to a_M$ (a_M ist eine typische Molekulabmessung) oder einfach durch $\varrho_c \to 0$ erreichen.

Besonders interessant ist ein Vergleich der Spannungen $\tau_{ij}^d = \pi_{ij}^d - \varrho_d J_{ij}^d$ und der Momentenspannungen $\mu_{ij}^d = \lambda_{ij}^d - \varrho_d \vartheta_d D_{ij}^d$ mit den entsprechenden Termen, die in der kinetischen Theorie von DAHLER und SCRIVEN hergeleitet werden. Da die Bewegung der Moleküle im allgemeinen nicht mit der mittleren Geschwindigkeit zusammenfällt, taucht bei DAHLER und SCRIVEN der mit den diffusiven Spannungen $-\varrho_d J_{ij}^d$ identische Term p_{ij}^K auf, der in Analogie zur Definition in Gl. (47a) als Impulsstrom infolge der chaotischen thermischen Bewegungen der Schwerpunkte der Moleküle gedeutet wird. Ebenso enthalten die Momentenspannungen einen Term c_{ij}^K, der dem diffusiven Impulsmomentenstrom $\alpha\varrho_d\vartheta_d D_{ij}^d$, Gl. (48), entspricht. In unserer Schreibweise lautet der kinetische Strom an Impulsmoment nach DAHLER und SCRIVEN mit $\alpha = \tilde{\alpha} = 1$ und unter Beachtung von Gl. (20):

$$c_{ij}^K = -\langle (v_i - v_i^d)\, \varrho_d \vartheta_d \omega_j \rangle \approx -\langle (v_i - v_i^d)\, \varrho_d \vartheta_d (\omega_j - \omega_j^d) \rangle = -\varrho_d \vartheta_d D_{ij}^d \,.$$

Die enge Verwandtschaft der hier abgeleiteten Gleichungen für die disperse Phase mit den Gleichungen, die Flüssigkeiten mit Mikrostruktur behandeln, wird besonders deutlich, wenn man eine spezielle Unterklasse, die polaren Flüssigkeiten nach ERINGEN [12] und COWIN [5] betrachtet.

Bei der Herleitung seiner zunächst allgemeinen Theorie der Flüssigkeiten mit Mikrostruktur geht ERINGEN [33], [12] von der Vorstellung aus, daß jeder materielle Punkt des Kontinuums die Freiheitsgrade eines deformierbaren Körpers besitzt. Jeder materielle Punkt kann also als ein ausgedehntes Gebilde (z. B. ein Teilchen in einer Suspension) betrachtet werden. Wenn man als Vereinfachung annimmt, daß dieses Gebilde nur die Freiheitsgrade eines starren Körpers besitzt, also keine Verformung erfährt, erhält man den Sonderfall der polaren Flüssigkeiten. Durch Integration über diese Gebilde werden die lokalen Variablen definiert. Da bei einer Suspension starrer kugelförmiger Teilchen diese Gebilde aus den starren Teilchen bestehen (das Fluid dazwischen wird nicht berücksichtigt), stimmen die Definitionen dieser lokalen Variablen mit den in den Gln. (26) bis (29) hergeleiteten Beziehungen überein. Unterschiede treten jedoch bei der Definition der Momentenspannungen auf: Da die Teilchen in einer polaren Flüssigkeit in direktem Kontakt miteinander sind, setzen sich die Momentenspannungen bei ERINGEN definitionsgemäß aus einem Term zusammen, der in der hier abgeleiteten Theorie der Wechselwirkung der Teilchen mit dem Fluid, d. h. dem Moment M_i^d, entspricht. Durch eine Volumenmittelung der lokalen Variablen über mehrere „Gebilde" definiert ERINGEN Makrovariable, die den mittleren Variablen in dieser Arbeit entsprechen, und für die anschließend Bilanzgleichungen aufgestellt werden. Da die Herleitung dieser Gleichungen eng mit der Herleitung der Bilanzgleichungen der dispersen Phase für starre kugelförmige Teilchen verwandt ist, haben die Gleichungen für polare Flüssigkeiten von Eringen [12] die gleiche Form wie die für die disperse Phase hergeleiteten Beziehungen.

In der hier verwendeten Schreibweise lauten die Bilanzgleichungen für polare Flüssigkeiten nach ERINGEN: **)

1) Masse

$$\frac{\partial v_i^d}{\partial x_i} = 0\,, \tag{60c*}$$

2) Impuls

$$\varrho_d \frac{Dv_i^d}{Dt_d} = \frac{\partial \tau_{ji}^d}{\partial x_j} + \varrho_d f_i^d\,, \tag{63b*}$$

3) Impulsmoment

$$\varrho_d \vartheta_d \frac{D\omega_i^d}{Dt_d} = \varepsilon_{ijk}\tau_{jk}^d + \frac{\partial \mu_{ji}^d}{\partial x_j} + \varrho_d l_i^d\,, \tag{65b*}$$

4) Energie

$$\varrho_d \frac{Du_d}{Dt_d} = \tau_{ij}^d d_{ij}^d + \tau_{[ij]}^d(\omega_{ij}^d - w_{ij}^d) + \mu_{ji}^d \frac{\partial \omega_i^d}{\partial x_j} + \frac{\partial q_j^d}{\partial x_j} + \varrho_d r_d\,. \tag{70b*}$$

---

*) Prinzipiell treten Effekte der Mikrostruktur auch bei Gasen auf, die aber nur im Falle hoch verdichteter Gase, vgl. [30], eine Rolle spielen können.

**) Gleichungen (2.2), (4.9) und (4.12) in [12].

Formal stellen die Gln. (63b*), (65b*) und (70b*) für polare Flüssigkeiten einen Sonderfall der für die disperse Phase abgeleiteten Gln. (63b), (65b) und (70b) dar: Führt man in den Beziehungen für die disperse Phase den Grenzübergang $\alpha \to 1$, $a \to 0$ (aber $a \gg$ einer Molekülabmessung des Teilchenmaterials) durch, so verschwindet der Einfluß der kontinuierlichen Phase. Man erhält aus Gl. (63b) somit Gl. (63b)*), aus dem Impulsmomentensatz (65b) folgt Gl. (65b*), wobei $\varrho_d l_i^d$ in Gl. (65b*) ein Massenmoment ist, das bei der dispersen Phase nicht eingeführt wurde. Die Energiegleichung (70b) geht in (70b*) über, wenn man alle diffusiven Terme Null setzt.

Damit ist nachgewiesen, daß die in dieser Arbeit hergeleiteten Beziehungen für die disperse Phase eine Erweiterung des Modells der polaren Flüssigkeiten auf den Fall einer Zweiphasenströmung darstellen. Dabei kann die disperse Phase als Folge der Mittelung als polare Flüssigkeit betrachtet werden, die mit der kontinuierlichen Phase in Wechselwirkung steht.

Literatur

26 Aero, E. L., Bulygin, A. N. and Kuvshinskii, E. V., Asymmetric hydromechanics, Prikl. Mat. Mekh., Vol. 29, 297–308 (1965); J. Appl. Math. Mech., Vol. 29, 333–346 (1965).

27 Afanas'ev, E. F. and Nikolaevskii, V. N., On the development of asymmetric hydrodynamics of suspension with rotating solid particles, Problems of Hydrodynamics and Continuum Mechanics, L. J. Sedov 60th Anniversary Volume (1969), 16–26, Philadelphia, SIAM Publications.

28 Batchelor, G. K., The stress system in a suspension of force-free particles, J. Fluid Mech., Vol. 41, 545–570 (1970).

29 Buyevich, Yu. A. and Markov, V. G., The continuum mechanics of monodisperse suspensions, The rheological equation of state for suspensions of moderate concentration, Int. Chem. Engng., Vol. 15, 710–721 (1975).

30 Dahler, J. S., High density phenomena, in "Research Frontiers in Fluid Dynamics", (Seegar, R. J. and Temple, G., Ed.), 443–481, New York, Wiley Interscience (1965).

31 Drew, D. A., Two-phase flows: Constitutive equations for lift and Brownian motion and some basic flows, Arch. Rat. Mech. Anal., Vol. 62, 149–163 (1976).

32 Drew, D. A. and Segel, L. A., Averaged equations for twophase flows, Stud. Appl. Math., Vol. L, 205–231 (1971).

33 Eringen, C. A., Simple microfluids, Int. J. Engng. Sci., Vol. 2, 205–217 (1964).

34 Grad, H., Statistical mechanics, thermodynamics, and fluid dynamics with an arbitrary number of integrals, Comm. Pure Appl. Math., Vol. V, 455–494 (1952).

35 Green, A. E. and Rivlin, R. S., On Cauchy's equation of motion, ZAMP, Vol. 15, 290–292 (1964).

36 Hamed, A. and Tabakoff, W., Some effects caused by solid particles in flows, AIAA Journ., Vol. 12, 581–582 (1974).

37 Hamed, A. and Tabakoff, W., Analysis of nonequilibrium particulate flow, AIAA 6th fluid and plasma dynamics conference, Palm Springs, California, July 16–18 (1973).

38 Immich, H., Zweiphasen-Kontinuumstheorie einer Suspension starrer, kugelförmiger Teilchen unter Berücksichtigung der Teilchenrotation. Teil I: Volumenmittelung der Bilanzgleichungen. ZAMM 60, 99–107 (1980).

Eingereicht am 8. 2. 1979

Anschrift: Dr.-Ing. Hans Immich, BBC Aktiengesellschaft Brown, Boveri & Cie., Abteilung TGD-14, CH-5401 Baden, Schweiz

ZAMM 60, 161 – 166 (1980)

P. Plaschko

On the MHD-Instability of Slowly Spreading Jets

Es wurde eine theoretische Untersuchung der reibungsfreien Instabilität von leitenden, schwach divergenten Freistrahlen in homogenen, axialen Magnetfeldern vorgenommen. Unter Verwendung der Methode der „multiple scales" wurde das räumliche Wachstum von achsensymmetrischen Störungen im Grenzfalle sehr kleiner Werte der magnetischen Reynolds-zahl untersucht. Es wird gezeigt, daß der gemeinsame Einfluß von Strahlausbreitung und Magnetfeld zur Herausbildung von bevorzugten Moden führt, die den größten Wachstumsgewinn aufweisen. Die Strouhalzahlen dieser Störungen werden durch den Einfluß des magnetischen Feldes ebenso verringert wie der achsiale Wachstumsgewinn und der Bereich, in dem dieses Wachstum stattfinden kann.

The problem of inviscid instability of electrically conducting, slowly diverging circular jets in the presence of homogeneous axial magnetic fields is analyzed. Using the method of multiple scales, the study investigates the spatial growth of axisymmetric disturbances in the limit of very low values of the magnetic Reynolds number. It is shown that the effect of the combined action of jet divergence and magnetic field is to pick out disturbances suffering the greatest axial gain. The corresponding Strouhal numbers are reduced by the impact of the field as well as the gains and the regime where the growth can take place.

Проводится теоретическое исследование невязкой неустойчивости электропроводных слабо рассеянных кольцевых струй в однородных осевых магнитных полях. Используя многошкальный метод, исследуется пространственный рост осесимметричных вознущений в предельном случае очень малых магнитных чисел Рейнольдса. Показывается, что совместное влияние рассеяния струй и магнитного поля приводит к появлению предпочтительных возмущений, обладающих наибольшим осевым приростом. Числа Строугала этих возмущений уменьшаются под влиянием магнитного поля так же как и осевой прирост и область, в которой происходит этот прирост.

1. Introduction

The impact of magnetic fields on the instability of free boundary layers was examined by assuming the stationary flow to be parallel (plane and circular jets with step functional profiles: Chandrasekhar [1]; circular jets with trapezoidal profiles: Hoult [2]; free shear layers with hyperbolic tangent profiles: Gotoh [3]). Whereas the research, presented in [1]—[3] concerns temporal growth in the limit of very high or very low values of the magnetic Reynolds number (R_m) the influence of R_m on spatially growing disturbances was investigated by the present author (plane and annular jets with step profiles surrounded by gases: [4]; quasi-parallel plane jets with modified hyperbolic tangent profiles: [5]). From these studies we know that the parallel instability characteristics are magnetically influenced in such a manner that both the maximal amplification and the neutral wave number are reduced to lower values by the action of the field. Furthermore, it was shown in [4] and [5] that the impact of R_m on the growth rates is comparatively small, if the interaction parameter is kept at a constant value.

Meanwhile, in hydrodynamical stability theory essential steps towards a more realistic description of jet instability are done. On the one hand the more physical concept of spatial amplification has made its way, and attempts to include the effect of the spreading of the jet are successfully performed. First, a quasi-parallel theory was developed by Michalke [6]. Using a modified hyperbolic tangent profile with a free parameter being proportional to the inverse of the boundary thickness, he was able to simulate different downstream positions of circular jets. In this study the occurence of a preferred mode of maximal amplification is demonstrated and by a comparison with experimental values of Crow and Champagne [7], in respect to the Strouhal number (St) of the preferred mode and with respect to the phase velocities at a position two diameters downstream of the nozzle, a very good agreement between theoretical predictions and the experiments [7] was obtained. Shortly later, the instability of almost parallel flows was analyzed using a multiple scales (or WKB) method by Bouthier [8], and for the case of Blasius flow some merits of this approach were demonstrated. Resting upon the work reported in [8], Crighton and Gaster [9] investigated the stability of slowly diverging jets by the aid of an expansion in respect to a parameter being proportional to the rate of the jet spreading. There, it was shown that the axial growth of the instabilities is strongly arrested by the impact of the divergence. Furthermore, it was demonstrated in [9] that the growth rates and phase speeds depend on axial as well as on radial positions and are different for different fluctuation quantities (velocity, pressure, etc.).

Since up to now the MHD-instability of free boundary layers was investigated within the framework of parallel theories only, the information in literature on subjects like (i) spatial rather than temporal growth, (ii) effect of the jet spreading is rare. The present study is considered to fill these gaps partially. Additionally, MHD-instability studies of circular jets may find their technical application in mixing chambers of fusion reactors.

In order to simplify the problem we apply a linear theory for inviscid axisymmetric disturbances and we put $R_m = 0$. Because of the findings reported in [4] and [5] the idealization caused by considering very low values of the magnetic Reynolds number does not seem to be a very drastic one.

2. Theory

We consider a liquid metal jet emanating from a nozzle of a radius R into the same quiescent medium. It is under the action of a homogeneous magnetic field B_0.

Let us first consider how the steady fields are changed if a slow divergence is admitted. The steady flow and pressure fields are given by (ε is a small parameter)

$$\boldsymbol{u}_0 = (U_x(X, r); \varepsilon U_r(X, r)) \quad \text{and} \quad p_0 = \text{const} + \varepsilon \bar{p}(X, r) \tag{1}$$

where $X = \varepsilon x$ is a stretched coordinate. In the presence of the axial magnetic field B_0 we put in analogy to (1)

$$\boldsymbol{B}_0 = (B_0 + \varepsilon \bar{B}_x(X, r); \varepsilon \bar{B}_r(X, r)) . \tag{2}$$

Applying the equation of continuity to (2) yields in the first order of ε $\bar{B}_r = f(X)/r$ and because of regularity at $r = 0$ we get

$$\bar{B}_r = 0 . \tag{3}$$

In the following we pass to a non-dimensional representation by scaling the quantities by means of B_0, R and a characteristic velocity U_{00}. Restricting ourselves to the first order of ε we get from the NAVIER-STOKES equations (N is the ALFVÉN number and Re is the REYNOLDS number)

$$-\frac{\partial}{\partial r}(\bar{p} + N\bar{B}_x) + \frac{1}{Re}\left(\frac{\partial^2}{\partial r^2} + \frac{1}{r}\frac{\partial}{\partial r} - \frac{1}{r^2}\right) U_r = 0 , \tag{4}$$

and a manipulation of the MAXWELLian equations yields (h is an abritrary function)

$$\frac{\partial \bar{B}_x}{\partial r} = R_m U_r(X, r) + h(X) . \tag{5}$$

Since the left hand side of (5) is proportional to the steady current $\bar{j}_\varphi$ which should vanish far away from the jet, we put $h = 0$. Assuming that the induced fields vanish for $r \to \infty$ we may integrate (5). Considering (2), (3) and (5) we can state concludingly, that for slow jet divergence the steady magnetic field is given by

$$\boldsymbol{B}_0 = [1 - \varepsilon R_m \int_r^\infty U_r(X, r')\, \mathrm{d}r'] \, \boldsymbol{e}_x , \tag{6}$$

($\boldsymbol{e}_k$ is the unit vector into the k-direction), indicating, that the applied field is changed by the impact of the spreading by a small amount, only. Looking at eq. (4), finally, we find the total pressure to be independent of the radial coordinate in the inviscid limit ($Re \to \infty$).

We use streamfunctions in the following and Φ' and $\bar{\Phi}$ are the ones for oscillating and stationary flow fields, respectively. Putting $R_m = 0$, the linearized inviscid disturbance equation is given by ($S = N \cdot R_m$ is the interaction parameter)

$$\left\{\frac{\partial}{\partial t} + \frac{1}{r}\left[\frac{\partial \bar{\Phi}}{\partial r}\frac{\partial}{\partial x} + \frac{\partial \bar{\Phi}}{\partial x} L_1\right]\right\} D^2 \Phi' + S \frac{\partial^2 \Phi'}{\partial x^2} = -\frac{1}{r}\left[\frac{\partial \Phi'}{\partial r}\frac{\partial}{\partial x} + \frac{\partial \Phi'}{\partial x} L_1\right] D^2 \bar{\Phi} , \tag{7}$$

with

$$L_1 = \frac{2}{r} - \frac{\partial}{\partial r} \quad \text{and} \quad D^2 = \frac{\partial^2}{\partial r^2} - \frac{1}{r}\frac{\partial}{\partial r} + \frac{\partial^2}{\partial x^2} . \tag{8}$$

In the case of parallel flow ($\partial \bar{\Phi}/\partial x = 0$) (7) reduces to

$$(\bar{D}^2 - b^2)\, \Phi_0 = L_0 \Phi_0 = 0 , \tag{9}$$

with

$$\bar{D}^2 = \frac{\partial^2}{\partial r^2} - \frac{1}{r}\frac{\partial}{\partial r} \quad \text{and} \quad b^2 = a^2 - (iaS - \bar{D}^2 U_x)/(U_x - c) \tag{10}$$

where we introduced the usual harmonic decomposition

$$\Phi' = \Phi_0 \, \mathrm{e}^{i(ax - \beta t)} \quad \text{and} \quad c = \beta/a . \tag{11}$$

In a regime where the velocity is constant, the solution of (9) is $U_x = U_1 = \text{const}$:

$$\Phi_0 = r[CI_1(b_0 r) + DK_1(b_0 r)] \quad \text{with} \quad b_0^2 = a^2 - iaS/(U_1 - c) , \tag{12}$$

where I_n and K_n denote the modified BESSEL function of the order n and C and D are constants of the integration. In agreement with [9] we use in the following the normalization: $r \to 0 \Rightarrow C = 2$ and $D = 0$. For later use we may note that the adjoint solution of (9) is given by

$$\tilde{\Phi}_0 = \Phi_0/r . \tag{13}$$

As regards the instability of slowly diverging flows, we use the method of multiple scales. Proceeding in this way, in addition to the slow variable $X = \varepsilon x$ we introduce the fast variable $s = g(X)/\varepsilon$, where $g(X)$ is a function to be defined later. Hence, in analogy to eq. (11) we use the power series expansion

$$\Phi' = [f_0(X, r) + \varepsilon f_1(X, r)] \exp[i(g(X)/\varepsilon - \beta t)] . \tag{14}$$

If we introduce this into eq. (7) a collection of equal powers of ε yields in the lowest order (X_0 is an abritrary initial point)

$$L_0 f_0 = 0 \quad \text{with} \quad g(X) = \int_{X_0}^{X} a(X')\,\mathrm{d}X' , \tag{15}$$

where L_0 denotes the operator of the parallel problem. In eq. (15) the variable X plays the role of a parameter only, and we may put

$$f_0 = A(X)\,\Phi_0 , \tag{16}$$

therefore. The constant of the r-integration $A(X)$ may be considered to be a slowly varying amplitude function. Its determination is performed, if we investigate the order ε^1. There we get

$$L_0 f_1 = -i\left(F\frac{\mathrm{d}A}{\mathrm{d}X} + GA\right)\Big/[a(U_x - c)] , \tag{17}$$

where the operators F and G are defined by

$$F = [2a(aU_x - \beta - iS) - U_x(\bar{D}^2 - a^2) + \bar{D}^2 U_x]\,\Phi_0 = \bar{F}\Phi_0 , \tag{18}$$

and

$$G = \bar{F}\frac{\partial\Phi_0}{\partial X} + \left[(3aU_x - \beta - iS)\frac{\mathrm{d}a}{\mathrm{d}X} - \frac{1}{r}\left(\frac{\partial}{\partial X}\bar{D}^2\bar{\Phi}\right)\frac{\partial}{\partial r} + r\frac{\partial\bar{\Phi}}{\partial X}\frac{\partial}{\partial r}\frac{1}{r^2}(\bar{D}^2 - a^2)\right]\Phi_0 . \tag{19}$$

According to known theorems, the inhomogeneous equation (17) has a solution satisfying the boundary values if, and only if, the right hand side of (17) is orthogonal to the adjoint eigenfunction $\tilde{\Phi}_0$. Thus, we derive a simple differential equation for the amplitude function. The solution of this equation is given by (A_0 is a constant of the integration)

$$A(X) = A_0 \exp\left[-\int_{X_0}^{X} G_1(X')/F_1(X')\,\mathrm{d}X'\right] , \tag{20}$$

where we used

$$F_1 = \int_0^\infty \tilde{\Phi}_0 F/(U_x - c)\,\mathrm{d}r \quad \text{and} \quad G_1 = \int_0^\infty \tilde{\Phi}_0 G/(U_x - c)\,\mathrm{d}r . \tag{21}$$

By putting $\partial/\partial X = 1/\varepsilon\,\partial/\partial x$ in (19), we may eliminate the influence of the formal expansion parameter. Hence, by considering (14)—(17) and (20), we may express the streamfunction finally

$$\Phi = A_0\Phi_0(x, r)\exp\left[\int_{x_0}^{x} (ia - G_1/F_1)\,\mathrm{d}x' - i\beta t\right] . \tag{22}$$

As shown in [9], by an inspection of eq. (22) we may easily derive, that each fluctuating quantity (axial and radial velocity, pressure) will suffer a different axial growth, which depends on both the radial and the axial position.

A neglection of the second term of the exponential on the right hand side of eq. (22) yields a form which was used in a hydrodynamical study by Chan [10]. Proceeding in this way, the impact of the jet spreading is incorporated by a simple wave number integration, therefore. Since we can make the second term by the aid of a suitable normalization as great as we want (in eq. (12) we may put $C = C(x)$, where C is a arbitrary function), its neglection cannot be an admissible approximation.

3. Results and Discussion

For the stationary velocity we use a form which was established first in [6] and later extended to the case of slightly non-parallel jets in [9]. It is given by

$$U_x = 0.5\,\{1 + \tanh\,[B(x)\,(1/r - r)]\} \tag{23}$$

where the function B is defined by the relation $B = 25/(3x + 4)$. Thence, we may express the momentum thickness by $\vartheta = 0.25/B(x)$. If we assume that the rate of jet divergence is characterized by the axial spreading of ϑ, we may write

$$\varepsilon = \frac{\mathrm{d}\vartheta}{\mathrm{d}x} = 0.03 ,$$

being a value which is small enough to warrant the convergence of the series, perhaps.

Furthermore, for the numerical treatment it is more convenient to reformulate (18) and (19) by using eq. (9). This yields ($Z = (\bar{D}^2 U_x - iaS)\,U_1$ and $U_1 = 1/(U_x - c)$)

$$F = [2a(aU_x - \beta - iS) + (iaSU_x - c\bar{D}^2 U_x)\,U_1]\,\Phi_0 = \bar{F}\Phi_0 , \tag{18'}$$

and

$$G = \bar{F}\,\frac{\partial \Phi_0}{\partial x} + [aU_x - \beta + icSU_1 + \beta U_x Z U_1/a^2]\,\Phi_0\,\frac{da}{dx} -$$

$$- U_1\Phi_0\left[\left(U_x\frac{\partial}{\partial x} + U_r\frac{\partial}{\partial r}\right)\bar{D}^2U_x - ZU_x\frac{\partial U_x}{\partial x}\right] - \left(\frac{\partial^2 U_x}{\partial x\,\partial r} + ZU_r\right)\frac{\partial \Phi_0}{\partial r} + Z\Phi_0U_r\left(\frac{2}{r} + U_1\frac{\partial U_x}{\partial r}\right). \qquad (19')$$

In accordance with [9] we chose the initial point of the axial integrations somewhat arbitrarily to be $x_0 = 2$. This choice is of even more influence in the MHD-case than in the purely hydrodynamic one and we will come back later to this question.

The determination of the eigenvalues was performed by using a "shooting" technique. The radial integrations are performed by the aid of a modified SIMPSON's procedure, and a minimum step width of 0.005 was found to secure sufficient accuracy. Furthermore, the numerical integration of eq. (9) was truncated at locations, where a sufficient degree of agreement between the solutions of (9) and the asymptotic solution (cf (12) with $C = 0$ and $U_1 = 0$) was found. At positions beyond these locations the radial integrations are performed over the corresponding asymptotic solutions.

In the following $St = \beta R/(\pi\ U_0(x, r = 0))$ denotes the STROUHAL number. In the hydrodynamic experiments it was shown that this number may vary with the radial position. It was demonstrated, that $St = 0.3$ and $St = 0.5$ are relevant values for the centerline of the jet ($r = 0$; [7]) and the shear-layer ($r = R$; [10]), respectively. In the theoretical work performed in [9] the preferred STROUHAL number, for which the center-line pressure fluctuations suffer the greatest axial growth, was reported to be $St = 0.382$. In order to clearify the question of the frequency dependance of the fluctuations in the presence of a magnetic field, the results of a study of the impact of the STROUHAL number are plotted in figures 1 and 2. There, the gain of the various quantities is faced versus St. The gain of a fluctuating quantity $g(r, x, t)$ is defined by the relation RMS $[g(r, x, t)]$/RMS $[g(r, x_0, t)]$, where RMS $[g]$ denotes the root mean square value of g. Here, the fluctuations under consideration are the axial and the radial component of the velocity u_x and u_r and the pressure p. Dots are used in order to mark ultimate locations. There, because of the close vicinity to the neutral stability (the point where the imaginary part of the eigenvalues vanishes), the determination of the eigenvalues from the inviscid equations failed and the axial integrations are stopped at such final locations. From these two figures we may conclude, that the higher the value of St the earlier the modes reach their ultimate positions. The impact of the combined action of the magnetic field and of the jet divergence is to pick out a mode suffering the greatest axial gain. The corresponding STROUHAL numbers are slightly different for different flow quantities and they depend weakly on the radial position. For a B_0 that gives the interaction parameter S the value $S = 0.5$, however, they are all close to $St = 0.3$, being a value distinctly below the non-magnetic one reported in [9]. Further, the phenomenon that the shear layer gains of axial velocity modes decay before reaching the ultimate positions is a purely MHD-ic one. It is not present at other radial locations (cf. fig. 3, e.g.) and does not occur in hydrodynamics, where the axial velocity suffers a gain, which increases monotonically with x. The magnetic reduction of the frequencies was already detected in previous parallel studies (cf. [5]). It should be emphasized, however, that a parallel theory, being unable to predict neither the axial nor the radial variation of the disturbances in a correct manner, is at best a means to produce qualitative statements.

In most of the following plots, the STROUHAL number is kept at a constant value $St = 0.3$ being relevant for $S = 0.5$. In the figures 3 and 4 we plotted the gains of the disturbances for two different radial locations. There, we may see that the impact of the magnetic field is to reduce the gain as well as the regime of axial growth. Whilst the non-magnetic disturbances continue to grow (up to $x/R \approx 10$), under the action of a magnetic field the fluctuations are forced to reach their position of final growth much earlier. Since it is supposed, that the disturbances decay beyond their points of ultimate growth under the influence of the viscosity (being not considered within the scope of this study), we may conclude that a magnetic field is a very effective means to stabilize the instability of conducting jets. Once more, these results are supported by the findings of parallel studies. In order to understand the stabi-

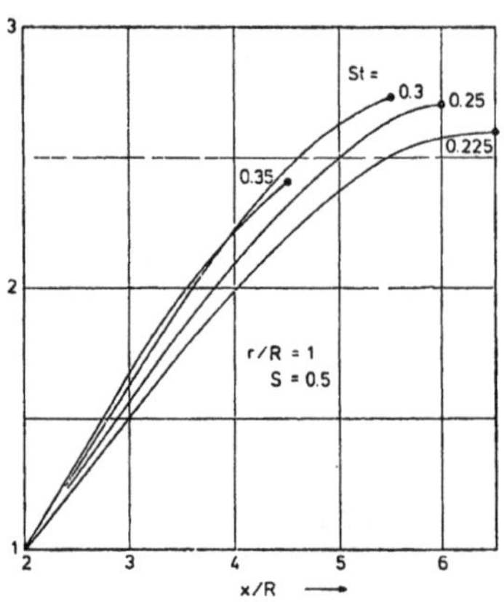

Fig. 1. Gain in shear-layer pressure fluctuations ($r = R$)

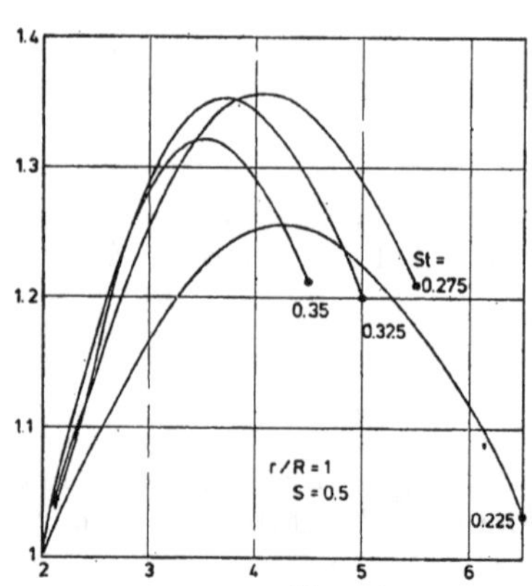

Fig. 2. Shear-layer gain in axial velocity fluctuations

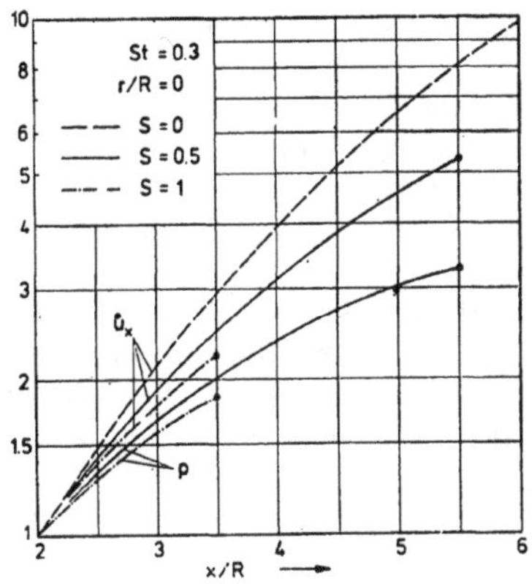

Fig. 3 Gain of the center-line fluctuations

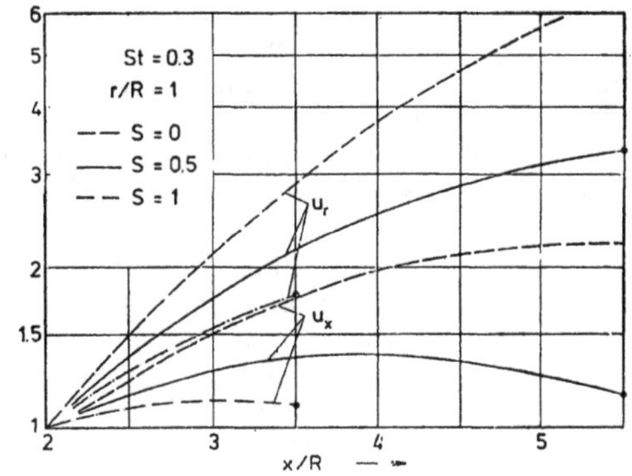

Fig. 4. Gain in shear-layer fluctuations

lizing impact of the field more clearly, however, it seems to be of interest to re-investigate this problem in the light of the LAGRANGian point of view. There, the disturbance equation of axisymmetric modes may be written in the limit $R_m \to 0$ (D/Dt is the substantial time derivation)

$$\frac{D\boldsymbol{u}'}{Dt} + (\boldsymbol{u}' \cdot \operatorname{grad})\, \boldsymbol{u}_0 = -\operatorname{grad} p' - S u_r' \boldsymbol{e}_r\,. \tag{24}$$

If we consider the radial component of this equation, being the only one where the magnetic influence is present, we may conclude, that the impact of the magnetic field is a purely damping one. Hence, our results that the magnetic field tends to (i) reduce the excited frequencies, (ii) diminish the axial gains, (iii) limit the regime of axial positions where there a growth is possible, do not seem to be very surprising findings.

As regards the presentation of the growth data in fig. 1 to fig. 4, it remains to add a remark concerning the choice of the initial point of the axial integrations x_0. In the hydrodynamical study [9] the choice of $x_0 = 2$ was founded by the assumption, that near to the orifice tailpipe effects are of importance which might preclude the use of lower values of x_0. In a first sorting of our numerical results we found that in agreement with results of parallel theories (cf. DRAZIN [11], who considered step functional profiles and the work done for quasi-parallel jet in [5]) the magnetic field acts in a destabilizing manner at early stages of axial positions, if a value $x_0 < 2$ is applied. Thus, the unphysical phenomenon of magnetic destabilization seems to be caused by a wrong choice of the velocity profile.

Now, the study is completed by an investigation of the phase velocities c_{ph}. From the graphs presented in figure 5 we may see, that an increment of the magnetic field tends to reduce the phase velocities, too. This result, being also in agreement with predictions of parallel theories, is reasonable in the light of the Lagrangian approach, once more. Furthermore, we may see that the trends found in non-magnetic experiments by CHAN [12] are present in the MHD-case, too. This means that the phase velocities of the center-line fluctuations are somewhat higher than the ones in the shear-layer and that the axial disturbances exhibit phase speeds which are higher than the one of the radial fluctuation. Furthermore, looking at figure 6 we may state that at least the shear-layer fluctuations show increasing values of c_{ph} if St is raised. This result is once more consistent with the trends reported in non-magnetic experiments ([10] and [12]).

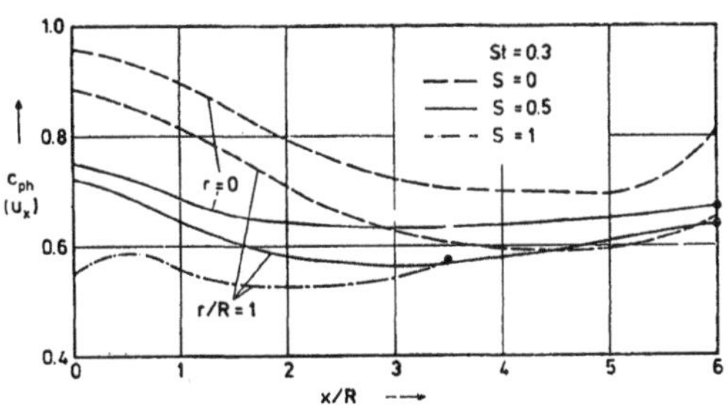

Fig. 5. Axial variation of the phase velocities

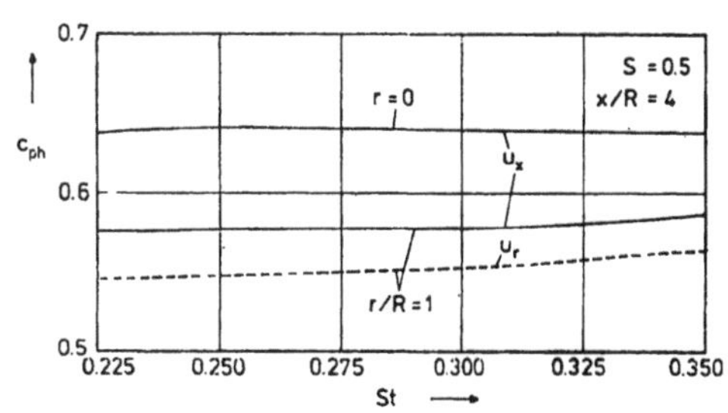

Fig 6. The impact of the Strouhal number on the phase speeds

Conclusions

The aim of this paper is to demonstrate the possibility of using the method of multiple scales to develop a rational theory describing the MHD-instability of slowly diverging jets in axial magnetic fields. This was performed for the most simple case of axisymmetric growth in the limit of vanishing magnetic REYNOLDS numbers. Here, the applied field remains unchanged and the parallel problem, the solution of which serves as a zero order approximation, is comparatively simple.

It is shown that the jet instability is reduced on the whole scale under the combined action of the magnetic field and of the jet spreading. This is manifested by the reduction of the excited frequencies, the diminuation of the local growth rates or gains, by the limitation of the regime, where axial growth can take place and by the reduction of the phase velocities.

As regards hydrodynamic stability, it was demonstrated in [9] that the multiple scales treatment of the jet admits predictions being in a very good qualitative agreement with experimental trends, at least. In the presence of a magnetic field, however, there is a great lack in experiments. We hope that we will be able to perform these experiments in the near future and to this aim, a cooperation between our Institute and the Laboratoire de Génie Électrique, Fontenay aux Roses, France, is intended.

Further, there is some need for more extensive theoretical investigations. This concerns the determination of the influence of the magnetic REYNOLDS number as well as the question of higher modes. Keeping in mind the findings of parallel theories indicating the minor importance of R_m, we may assume that the problem of higher modes is the more important one. This seems to be evident, since in an ordinary parallel study performed by OTREMBA [13] as well as within the scope of a modified quasi-parallel investigation describing the impact of the spreading by the aid of a wave number integration done by PLASCHKO [14], it was found that the first helical mode may exhibit a somewhat higher growth rate than the axisymmetric one.

Acknowledgement

The author wishes to thank Mr. R. STAHL for correcting the English of the first draft of this paper and to express his gratitude to Mrs. M. GEREKE and Mr. A. ECKHART for their excellently performed drawings and photographs.

References

1 CHANDRASEKHAR, S. Hydrodynamic and Hydromagnetic Stability, Oxford at the Clarendon Press, 1968.
2 HOULT, D. P., Effect of an Axial Magnetic Field on the Stability of Axisymmetric Jet or Wake, Phys. Fluids 8, 1456–1460 (1965).
3 GOTOH, K., Hydromagnetic Instability of a Free Shear Layer at Small Magnetic REYNOLDS Numbers, J. Fluid Mech, 49, 21–31 (1971).
4 PLASCHKO, P., The Instability of Electrically Conducting Plane and Annular Jets in an Axial Magnetic Field, J. Méc. 15, 631–664 (1976).
5 PLASCHKO, P., Magnetohydrodynamic Instability of Quasi-Parallel Plane Jets, Phys. Fluids 21, 1454–1455 (1978).
6 MICHALKE, A., Instabilität eines kompressiblen runden Freistrahles unter Berücksichtigung des Einflusses der Strahlgrenzschichtdicke, Z. Flugwiss. 19, 319–328 (1971).
7 CROW, S. C. and CHAMPAGNE, F. H., Orderly Structure in Jet Turbulence, J. Fluid Mech. 48, 547–591 (1971).
8 BOUTHIER, M., Stabilité linéaire des écoulements presque parallés, J. Méc. 11, 599–621 (1972).
9 CRIGTHON, D. and GASTER, M., Stability of Slowly Diverging Jet Flows, J. Fluid Mech. 77, 397–413 (1976).
10 CHAN, Y. Y., Wavelike Eddies in a Turbulent Jet, AIAA J. 15, 992–1001 (1977).
11 DRAZIN, P. G., Stability of Parallel Flow in a Parallel Magnetic Field at Small Magnetic REYNOLDS Numbers, J. Fluid Mech. 8, 130–142 (1960).
12 CHAN, Y. Y., Spatial Waves in Turbulent Jets, Phys. Fluids 17, 46–53 (1974).
13 OTREMBA, H., Über dreidimensionale Störungen eines runden Freistrahles im parallelen Magnetfeld, diploma thesis, Technische Universität Berlin, 1977.
14 PLASCHKO, P., On Axial Growth of Three-Dimensional MHD-Instabilities, Proceedings of the Second Bat-Sheva Seminar on MHD and Turbulence, 1978, in press.

Eingereicht am 28. 3. 1979

Anschrift: Dr.-Ing. PETER PLASCHKO, Technische Universität Berlin, Fachbereich 9 – Physikalische Ingenieurwissenschaft, Hermann-Föttinger-Institut für Thermo- und Fluiddynamik, TU Berlin, Sekr. HF1, Straße des 17. Juni 135, D-1000 Berlin 12, Berlin-West.

KLEINE MITTEILUNGEN

ZAMM 60, 167 – 168 (1980)

I. Pop / V. M. Soundalgekar

Free Convection Flow past an Accelerated Vertical Infinite Plate

2. Introduction

Studies on free convection have long considered the problem of unsteady free convection flow past an infinite vertical plate as one of the fundamental problem in heat and mass transfer owing to its practical applications. In a recent paper Soundalgekar [1] has derived an exact solution for the flow past an impulsively started infinite vertical plate in its own plane, known as Stokes' problem for the vertical plate. The effects of externally heating or cooling of the plate by free convection currents are investigated.

This note discusses the flow and heat transfer aspects for an uniformly accelerated vertical infinite plate. At time $t = 0$, the temperature of the plate immersed in a fluid is raised suddenly from that of surrounding fluid T_∞^+ up to a higher and constant value T_w^+ and kept at this value thereafter. However, we are not aware of any study of this problem and hence it is now proposed to analyse such a physical situation.

2. Analysis

Let x^+ and y^+ denote the space coordinates measured parallel and normal to the plate, respectively. The equation of motion expressing the conservation of momentum in the x^+ direction and the energy equation then can be written in usual notations as

$$\frac{\partial u^+}{\partial t^+} = \nu \frac{\partial^2 u^+}{\partial y^{+2}} + g\beta(T^+ - T_\infty^+) , \tag{1}$$

$$\varrho c_p \frac{\partial T^+}{\partial t^+} = k \frac{\partial^2 T^+}{\partial y^{+2}} . \tag{2}$$

Here is tacitly assumed that the viscous dissipation is disregarded in Eq. (2). The initial and boundary conditions corresponding to the present problem are

$$\begin{aligned} &t^+ \leqq 0; \quad u^+ = 0 , \quad T^+ = T_\infty^+ \quad \text{everywhere,} \\ &t^+ > 0: \quad u^+ = U^+(t^+) , \quad T^+ = T_w^+ \quad \text{at} \quad y^+ = 0 , \\ &u^+ \to 0 , \quad T^+ \to T_\infty^+ \quad \text{as} \quad y^+ \to \infty . \end{aligned} \tag{3}$$

These equations may be non-dimensionalized by the introduction of the following dimensionless variables

$$\begin{aligned} &y = U_0^+ y^+/\nu , \quad t = U_0^{+2} t^+/\nu , \quad u = u^+/U_0^+ , \quad U = U^+/U_0^+ , \\ &T = (T^+ - T_\infty^+)/(T_w^+ - T_\infty^+) , \quad \mathrm{Gr} = g\beta\nu(T_w^+ - T_\infty^+)/U_0^{+3} , \\ &\mathrm{Pr} = \mu c_p/k , \end{aligned} \tag{4}$$

where Gr and Pr denote respectively the Grashof and Prandtl numbers. Then the Eqs. (1) and (2) become

$$\frac{\partial u}{\partial t} = \mathrm{Gr}\, T + \frac{\partial^2 u}{\partial y^2} , \tag{5}$$

$$\frac{\partial T}{\partial t} = \frac{1}{\mathrm{Pr}} \frac{\partial^2 T}{\partial y^2} . \tag{6}$$

The initial and boundary conditions (3) can now be rewritten as

$$\begin{aligned} &t \leqq 0: \quad u = 0 \quad T = 0 \quad \text{everywhere,} \\ &t > 0: \quad u = U(t) , \quad T = 1 \quad \text{at} \quad y = 0 , \\ &\qquad u \to 0 , \quad T \to 0 \quad \text{as} \quad y \to \infty . \end{aligned} \tag{7}$$

Introducing the new variable

$$\eta = y \sqrt{\mathrm{Pr}}/2 \sqrt{t} , \tag{8}$$

in (6), then it reduces to

$$T'' + 2\eta T' = 0 , \tag{9a}$$

$$T(0) = 1 , \quad T(\infty) = 0 . \tag{9b}$$

Here and henceforth the primes denote differentiation with respect to η. The Eq. (9a) subject to (9b) has the well-known complementary error function solution, i.e.

$$T(\eta) = \operatorname{erfc} \eta . \tag{10}$$

For an uniformly accelerated plate $U(t) = t$, and introducing $u = tf(\eta)$, Eqs. (5) and (7) in view of (8) and (10) reduce to

$$\mathrm{Pr}\, f'' + 2\eta f' - 4f = -4\, \mathrm{Gr} \operatorname{erfc} \eta , \tag{11a}$$

$$f(0) = 1 , \quad f(\infty) = 0 . \tag{11b}$$

The above equations can be solved in a straightforward manner giving

$$\begin{aligned} f(\eta) = 1 + \frac{2}{\mathrm{Pr}}\eta^2 - &\left[\left(1 + \frac{2}{\mathrm{Pr}}\eta^2\right) \operatorname{erf}(\eta/\sqrt{\mathrm{Pr}}) + \frac{2\,\mathrm{Pr}^{-1/2}}{\sqrt{\pi}} \eta\, e^{-\eta^2/\mathrm{Pr}}\right] + \\ &+ \mathrm{Gr}\left[\operatorname{erfc}\eta + \frac{1}{\mathrm{Pr}-1}\left\{\mathrm{Pr}\left(1 + \frac{2}{\mathrm{Pr}}\eta^2\right)\operatorname{erf}\eta + \frac{2}{\sqrt{\pi}}\eta\, e^{-\eta^2}\right\} - \right. \\ &- \frac{1}{\mathrm{Pr}-1}\left\{\left(1 + \frac{2}{\mathrm{Pr}}\eta^2\right)\operatorname{erf}(\eta/\sqrt{\mathrm{Pr}}) + \frac{2\,\mathrm{Pr}^{-1/2}}{\pi}\eta\, e^{-\eta^2/\mathrm{Pr}}\right\} - \\ &\left. - \left(1 + \frac{2}{\mathrm{Pr}}\eta^2\right)\right] \end{aligned} \tag{12}$$

when $\mathrm{Pr} \neq 1$, and

$$\begin{aligned} f(\eta) = (1 - \mathrm{Gr})\,(1 + 2\eta^2) - &\left[(1 + 2\eta^2) \operatorname{erf}\eta + \frac{2}{\sqrt{\pi}}\eta\, e^{-\eta^2}\right] + \\ &+ \mathrm{Gr}\left(2\eta^2 \operatorname{erf}\eta + \frac{2}{\sqrt{\pi}}\eta\, e^{-\eta^2} + 1\right) \end{aligned} \tag{13}$$

for $\mathrm{Pr} = 1$.

3. Results

Eqs. (9) and (11) have been solved numerically for the Prandtl number $\mathrm{Pr} = 0.7$ and for different values of the Grashof number Gr using the shooting method with least square convergence criterion as developed by Nachtsheim and Swigert [2]. For numerical integration, Runge-Kutta-Gill subroutine with step size of 0.05 in η was used and the integrations were carried up to $\eta = \eta_{\max} = 4$, where $\eta_{\max}$ is the numerical approximation to $\eta = \infty$. The computations were termined when f and T along with their first derivatives are 10^{-4} in absolute magnitude or less at $\eta_{\max}$.

The velocity profiles are shown in Fig. 1 for both $\mathrm{Gr} \gtrless 0$. It has been shown in [1] that $\mathrm{Gr} > 0$ corresponds to the cooling of the plate by free convection currents and $\mathrm{Gr} < 0$ corresponds to heating of the plate. We notice from this figure that the velocity decreases when the plate is heated by free convection currents. Greater heating of the plate causes more fall in the velocity. The reverse conclusion is true when the plate is cooled by free convection currents.

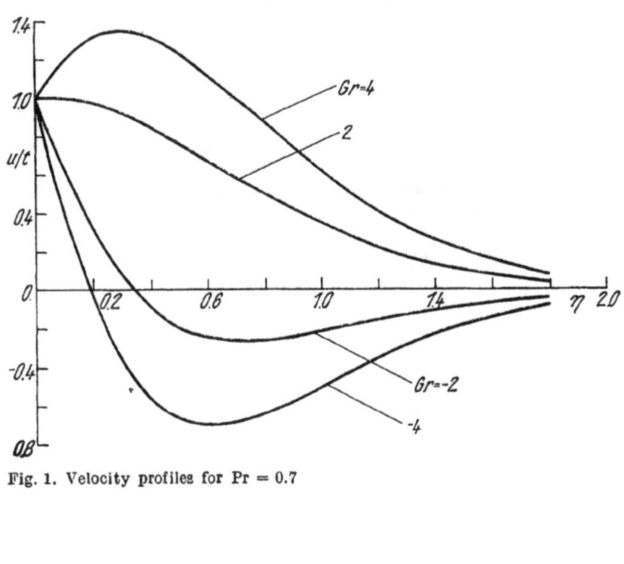

Fig. 1. Velocity profiles for Pr = 0.7

The skin-friction at the plate being proportional to $f'(0)$, we have from (12) and (13)

$$f'(0) = \frac{4\,\mathrm{Pr}^{-1/2}}{\sqrt{\pi}} \left(\frac{\mathrm{Gr}}{1+\sqrt{\mathrm{Pr}}} - 1\right) \quad \text{for} \quad \mathrm{Pr} \neq 1\,, \tag{14}$$

and

$$f'(0) = \frac{2}{\sqrt{\pi}} (\mathrm{Gr} - 2) \quad \text{when} \quad \mathrm{Pr} = 1\,. \tag{15}$$

The numerical values of $f'(0)$ are entered in the accompanied table for some values of Gr and Pr.

Values of $f'(0)$

Gr	Pr		
	0.7	1	7
−4	−8.5823	−6.7720	−1.7893
−2	−5.6412	−4.5146	−1.3212
2	0.2412	0.	−0.3852
4	3.1823	2.2573	0.0828

We conclude from this table that the skin-friction decreases with increasing the PRANDTL number. Greater cooling of the plate causes the skin-friction to increase whereas opposite is the case when the plate is being heated more by free convection currents.

References

1 V. M. SOUNDALGEKAR, Free convection effects on the STOKES problem for an infinite vertical plate, Trans. ASME, J Heat Transfer 99, 499 – 501 (1977).

2 P R. NACHTSHEIM and P SWIGERT, Satisfaction of asymptotic boundary conditions in numerical solution of systems of nonlinear equations of boundary layer type, NASA TND – 3004 (1965).

Eingereicht am 18. 12. 1978

Anschriften: Dr. I. POP, Faculty of Mathematics, University of Cluj, R-3400 Cluj, CP 253, Romania;

Dr. V. M. SOUNDALGEKAR, Department of Mathematics, Indian Institute of Technology Powai, Bombay-76, India

ZAMM 60, 168 – 169 (1980)

T. ATANACKOVIĆ / B. BAČLIĆ

A New Time Invariant for Heat Conduction with Finite Wave Speed

The classical heat conduction equation has the property that the heat pulses propagate at infinite speed. Much attention was paid recently to the modification of the classical heat conduction equation so that the heat pulses propagate at finite speed. Mathematically speaking this modifications change the governing partial differential equation from parabolic to hyperbolic type. Various physical motivations for such modifications are discussed in [1].

One way to generalize the classical heat conduction equation is to *assume* that FOURIER's law is *nonlocal in time* [2]:

$$q(t) = -\int_{-\infty}^{t} \lambda(t-\xi)\, \nabla T(\xi)\, \mathrm{d}\xi\,. \tag{1}$$

Here q denotes the heat flux vector, T denotes the temperature, $\nabla(\cdot)$ is the gradient operator and $\lambda(t-\xi)$ is the memory function. When the equation (1) is used, the *generalized heat conduction equation* becomes

$$c\,\frac{\partial T}{\partial t} = \nabla^2 \int_{-\infty}^{t} \lambda(t-\xi)\, T(\xi)\, \mathrm{d}\xi\,, \tag{2}$$

where c is the specific heat per unit volume. If we assume that the memory function is of the form

$$\lambda(t-\xi) = \frac{\lambda_0}{\tau} \exp\left[-(t-\xi)/\tau\right] \tag{3}$$

where λ_0 and τ are constants (thermal conductivity and relaxation time respectively), equation (2) after differentiation becomes

$$\tau\,\frac{\partial^2 T}{\partial t^2} + \frac{\partial T}{\partial t} = \varkappa \nabla^2 T \tag{4}$$

where $\varkappa = \lambda_0/c$ is the thermal diffusivity. Equation (4) is the *heat conduction equation with finite wave speed* $w = \sqrt{\varkappa/\tau}$.

The aim of this paper is to construct a new time invariant for the partial differential equation (4).

Let us consider a spatial domain V, bounded by piecewise continuous boundary S, and the coordinate system x_i, $i = 1, 2, 3$. We assume that inside V the equation (4) holds with the appropriate boundary conditions prescribed on S. The initial conditions are provided as well.

Separating variables in equation (4) we obtain

$$\tau\ddot{\theta} + \dot{\theta} + p^2\varkappa\theta = 0\,, \qquad (\dot{\cdot}) = \frac{\mathrm{d}}{\mathrm{d}t}(\cdot)\,, \tag{5}$$

and

$$\nabla^2 X + p^2 X = 0\,, \tag{6}$$

where $\theta = \theta(t)$, $X = X(x_1, x_2, x_3)$ and p^2 is the separation constant. The equation (6) together with the boundary conditions will generate a complete countable set of orthogonal functions X_n with corresponding set of eigenvalues p_n^2, $n = 1, 2, 3, \ldots$ We will concentrate our attention to the infinite system of equations

$$\tau\ddot{\theta}_n + \dot{\theta}_n + p_n^2\varkappa\theta_n = 0\,, \qquad n = 1, 2, 3, \ldots \tag{7}$$

VUJANOVIĆ proved [3], using NOETHER's theorem, that each equation of the type (7) has a first integral of the form

$$C_n = \frac{e^{t/\tau}}{2}\left(\dot{\theta}_n^2 + \frac{p_n^2\varkappa}{\tau}\,\theta_n^2 + \frac{1}{\tau}\,\theta_n\dot{\theta}_n\right). \tag{8}$$

Starting with (8) one can obtain a time invariant for equation (4) in the following manner. Multiplying equation (8) by X_n^2 and summing we get

$$\sum_{n=1}^{\infty} C_n X_n^2 = \frac{e^{t/\tau}}{2}\left[\sum_{n=1}^{\infty} (\dot{\theta}_n X_n)^2 + \frac{\varkappa}{\tau}\sum_{n=1}^{\infty} (p_n\theta_n X_n)^2 + \frac{1}{\tau}\sum_{n=1}^{\infty} \theta_n X_n \dot{\theta}_n X_n\right]. \tag{9}$$

Further, using the orthogonality property of the functions X_n, $n = 1, 2, 3, \ldots$, one can show that

$$\int_V \sum_{n=1}^{\infty} (\dot{\theta}_n X_n)^2\, \mathrm{d}v = \int_V \left(\frac{\partial T}{\partial t}\right)^2 \mathrm{d}v\,,$$

$$\int_V \sum_{n=1}^{\infty} \theta_n X_n \dot{\theta}_n X_n\, \mathrm{d}v = \int_V T\,\frac{\partial T}{\partial t}\, \mathrm{d}v\,, \tag{10}$$

$$\int_V \sum_{n=1}^{\infty} (p_n\theta_n X)^2\, \mathrm{d}v = \int_V (\nabla T)^2 \mathrm{d}v - \int_S T\nabla T \cdot n\, \mathrm{d}s\,,$$

where n is the unit outward normal. Therefore, integrating (9) over the spatial domain V we get

$$B = \int_V \sum_{n=1}^{\infty} C_n X_n^2\, \mathrm{d}v = \frac{e^{t/\tau}}{2}\left\{\int_V \left[\left(\frac{\partial T}{\partial t}\right)^2 + \frac{\varkappa}{\tau}(\nabla T)^2 + \frac{1}{\tau}\,T\,\frac{\partial T}{\partial t}\right]\mathrm{d}v - \int_S T\nabla T \cdot n\, \mathrm{d}s\right\}, \tag{11}$$

with the obvious property

$$\frac{\mathrm{d}B}{\mathrm{d}t} = 0\,. \tag{12}$$

This is the key result of the present paper.

The time invariant B, just obtained, could be used for the study of convergence of different approximate, including numerical, methods of solution for equation (4). Further, the property (12) of B could be used for obtaining approximate solutions for various boundary value problems for equation (4).

To illustrate the later property, let us consider a simple one-dimensional problem

$$\tau \frac{\partial^2 T}{\partial t^2} + \frac{\partial T}{\partial t} = \varkappa \frac{\partial^2 T}{\partial x^2}, \quad 0 < x < l; \quad 0 < t < \infty, \tag{13}$$

with the following *initial* and *boundary conditions*

$$T(x, 0) = T_0[1 - (x/l)^2]; \quad \frac{\partial T(x, 0)}{\partial t} = 0, \tag{14}$$

$$\frac{\partial T(0, t)}{\partial x} = 0; \quad T(l, t) = 0. \tag{15}$$

Let us assume that the approximate solution to the boundary value problem (13)—(15) is of the form

$$\tilde{T} = T_0[1 - (x/l)^2]\, g\, e^{-t/2\tau} \tag{16}$$

where $g = g(t)$ is a function to be determined. The initial conditions (14) imply that $g(0) = 1$ and $\dot{g}(0) = 1/2\tau$. Substituting (16) into (11), which for the problem under consideration has the form

$$B = \frac{e^{t/\tau}}{2} \int_0^l \left[\left(\frac{\partial T}{\partial t}\right)^2 + \frac{\varkappa}{\tau}\left(\frac{\partial T}{\partial x}\right)^2 + \frac{1}{\tau} T \frac{\partial T}{\partial t}\right] dx, \tag{17}$$

we get

$$B = \frac{2T_0^2 l}{15\tau}\left[2\tau \dot{g}^2 + \left(\frac{5\varkappa}{l^2} - \frac{1}{2\tau}\right) g^2\right]. \tag{18}$$

Forcing B to be constant equal $2T_0^2\varkappa/3\tau l$ (which is evaluated from the initial conditions), one obtains

$$g = \operatorname{ch}\left(\frac{t}{2\tau}\sqrt{1 - 10\varkappa\tau T/l^2}\right) + (1 - 10\varkappa\tau/l^2)^{-1/2} \operatorname{sh}\left(\frac{t}{2\tau}\sqrt{1 - 10\varkappa\tau/l^2}\right). \tag{19}$$

Therefrom, the approximate solution

$$\tilde{T} = T_0[1 - (x/l)^2]\, e^{-t/2\tau}\left[\operatorname{ch}\left(\frac{t}{2\tau}\sqrt{1 - 10\varkappa\tau/l^2}\right) + (1 - 10\varkappa\tau/l^2)^{-1/2} \operatorname{sh}\left(\frac{t}{2}\sqrt{1 - 10\varkappa\tau/l^2}\right)\right] \tag{20}$$

makes B, given by (17), constant. It should be noted that for $\tau \to 0$, (the case when the hyperbolic heat conduction equation becomes the parabolic one) equation (20) becomes $\tilde{T} = T_0[1 - (x/l)^2] \exp(-5\varkappa t/2l^2)$. This result was obtained by SCHECHTER [4] using the GLANSDORF-PRIGOGINE variational method for solving the same problem in the classical variant.

As a conclusion we note that the use of the first integral B as a tool for the approximate solution of the hyperbolic heat conduction equation is equivalent[1]) to several variational formulations of the same equation. The examples of such an equivalence are: (1) The applience of KANTOROVICH's variational method to the variatinal principle formulated by VUJANOVIĆ in [5]; (ii) Direct applience of the GALERKIN procedure to equation (4); (iii) The applience of KANTOROVICH's method to the following variational principle

$$\delta \int_{t_0}^{t_1} L\, dt = 0 \tag{21}$$

where

$$L = \frac{1}{2} \int_V \left[4\tau^2 \left(\frac{\partial U}{\partial t}\right)^2 + U^2 - 4\tau\varkappa(\nabla U)^2\right] dv. \tag{22}$$

The EULER-LAGRANGE equation corresponding to (21)—(22) is

$$4\tau^2 \frac{\partial^2 U}{\partial t^2} - 4\varkappa\tau\nabla^2 U = U \tag{23}$$

provided that δU vanishes on the boundaries as well as on the limit points of the time interval $[t_0, t_1]$. Equation (23) is obtainable from (4) by substitution

$$T(x_i, t) = U(x_i, t)\, e^{-t/2\tau}. \tag{24}$$

[1]) When, in an approximation scheme for the solution of hyperbolic partial differential equation (4), two formulations lead to the same results for the unknown functions in the trial solution they will be said to be *equivalent*.

Despite the facts noted above, the time invariant B retains its attractiveness due to the obvious property of being the first integral of equation (4).

References

1 SWENSON, R. J., Heat conduction-finite of infinite propagation, J. Non-Equilib. Thermodyn. 3, 39 - 48 (1978).
2 SWENSON, R. J., Generalized heat conduction equation, Amer. J. Phys. 46, 76 - 77 (1978).
3 VUJANOVIC, B., A group-variational procedure for finding first integrals of dynamical systems, Internat. J. Non-Linear Mech. 5, 269 - 278 (1970).
4 SCHECHTER, R. S., The Variational Methods in Engineering, McGraw-Hill, New York 1967
5 VUJANOVIC, B., An approach to linear and nonlinear heat transfer problem using a LAGRANGian, AIAA J. 9, 131 - 134 (1971)

Eingereicht 13. 10. 1978

Anschriften: T. ATANACKOVIĆ, B. BAČLIĆ, Faculty of Technical Sciences, Veljka Vlahovića 3, 21000 Novi Sad, Yugoslavia.

ZAMM 60, 169 – 171 (1980)

K. GRÖGER / R. HÜNLICH

An Existence-Uniqueness Result for some Models of Thermoplasticity

Introduction

NGUYEN [10] and HALPHEN-NGUYEN [5] have introduced models of elastoplastic materials making use of internal state variables. In the setting of the theory of small deformations these models lead to satisfactory results on existence, uniqueness and approximation of solutions to corresponding initial-boundary value problems (see NEČAS-TRÁVNÍČEK [9], GRÖGER [3], HÜNLICH [7] and the papers quoted there). As was remarked already by HALPHEN-NGUYEN [5] by means of internal state variables one can describe various types of hardening of the material and more general the influence of the "history" on a deformation process. In the present paper we deal with certain models taking into account the interaction of deformation and entropy transport in elastoplastic materials. Our formulation of this interaction is analogous to that used by DUVAUT-LIONS [2] in the case of thermoelasticity. We shall show that the models considered here are special models of the type mentioned above with temperature and entropy playing the role of internal state variables. Thus, the general results obtained in [3] may be specialized to results on thermoplastic processes.

For the sake of simplicity we have restricted ourselves to models of entropy transport and quasi-static deformation in a three-dimensional body with purely kinematic hardening. We assume that there exists a "natural state" of the body and we consider only small deformations and small variations of temperature and entropy with respect to this natural state.

Section 1 of the paper is devoted to a precise formulation of the problem we are interested in. Section 2 contains the main result and some remarks on possible generalizations and completions of this result.

1. Formulation of the problem

Let $G \in \mathbb{R}^3$ be the bounded domain occupied by the body under consideration and let $L^2(G; \mathbb{R}^3)$ be the space of square integrable mappings from G to $\mathbb{R}^3$. By $H^1(G; \mathbb{R}^3)$ we denote the SOBOLEV space of all functions $u \in L^2(G; \mathbb{R}^3)$ the first derivatives of which are also in $L^2(G; \mathbb{R}^3)$. The space of virtual displacements of the body is $U := \{u \in H^1(G; \mathbb{R}^3) \mid u_\Gamma = 0\}$, where Γ denotes that part of the boundary ∂G where the body is clamped. For the sake of simplicity we assume Γ to be of positive surface measure. The elements of the space U' dual to U are regarded as forces. By $\mathcal{S}$ we denote the HILBERT space of 3×3 symmetric matrices and by $Y_1 := L^2(G; \mathcal{S})$ the HILBERT space of square integrable mappings from G to $\mathcal{S}$. We identify Y_1 with its dual. The elements of Y_1 are considered as strain or stress tensor fields. Temperature variations and entropy variations are regarded as elements of $Y_2 := L^2(G)$.

Let $S = [0, T]$ be a finite interval of time. If X is any HILBERT space we shall use the notation $C(S; X)$, $L^p(S; X)$, $W^{1,p}(S; X)$, $H^1(S; X)$, $1 \leq p \leq \infty$, with its usual meaning (see e.g. [3]). If $u \in L^1(S; X)$ we denote by $\dot{u}$ the derivative of u with respect to time in the sense of X-valued distributions on $]0, T[$. The scalar product on X is denoted by $(.,.)_X$. If X_1, X_2 are two HILBERT spaces then $\mathcal{L}(X_1; X_2)$ denotes the space of linear continuous mappings from X_1 to X_2.

In this paper we shall accept the following constitutive relations:

$$\varepsilon = \varepsilon^e + \varepsilon^p , \quad \sigma = A_1\varepsilon^e - D\eta , \quad \theta = -D^*\varepsilon^e + k\eta ,$$
$$\dot{\varepsilon}^p \in \partial I_C(\sigma - B_1\varepsilon^p) , \quad \dot{\eta} \in \partial\psi(-\theta) . \tag{1}$$

The meaning of the variables occuring in these relations is

- ε total strain,
- ε^e thermoelastic strain,
- ε^p plastic strain,
- σ stress,
- θ difference of the actual temperature to the temperature of the natural state,
- η difference of the actual entropy to the entropy of the natural state.

Moreover we assume that

$A_1, B_1 \in \mathcal{L}(Y_1; Y_1)$ are symmetric and positive definite; (2)

$C \in Y_1$ is nonempty, convex and closed; (3)

$D \in \mathcal{L}(Y_2; Y_1)$, $D^* \in \mathcal{L}(Y_1; Y_2)$ adjoint to D; (4)

$\psi : Y_2 \to]-\infty, +\infty]$ is proper, convex and lower semicontinuous; (5)

$k > 0$ such that $\begin{pmatrix} A_1 & D \\ D^* & kI \end{pmatrix} \in \mathcal{L}(Y_1 \times Y_2; Y_1 \times Y_2)$ is positive definite. (6)

The operators A_1, B_1 characterize HOOKE's law and the kinematic hardening rule of the body, respectively. The set C defines the elastic range and the flow rule of the body. By I_C we denote the indicator functional of the convex set C and by ∂I_C and $\partial\psi$ the subdifferential of I_C and ψ, respectively (see BRÉZIS [1]). By means of D and D^* we describe the interaction of the mechanical process and the entropy transport. By $\partial\psi$ we can describe entropy transport in the volume as well as various types of boundary conditions for the temperature (including inequalities on the boundary). If we define for example ψ by

$$\psi(\theta) = \begin{cases} \dfrac{\lambda}{2} \displaystyle\int_G |\mathrm{grad}\, \theta|^2 \,\mathrm{d}x & \text{if } \theta \in H^1(G) , \\ +\infty & \text{elsewhere} , \end{cases} \qquad \lambda > 0 ,$$

then $\partial\psi$ includes the term $-\lambda\, \Delta\theta$ in the volume (FOURIER's law) and the boundary condition $\left.\dfrac{\partial\theta}{\partial n}\right|_{\partial G} = 0$. For the sake of simplicity we have assumed that there are no external entropy sources. Our constitutive relations combine the relations of a thermoelastic body (as used by DUVAUT-LIONS [2]) and the relations of an elastoplastic body with purely kinematic hardening (cf. [3], [4]). They are admissible from the point of view of thermodynamics, i.e., processes governed by these constitutive relations satisfy the fundamental laws of thermodynamics.

By K_1u we denote the infinitesimal strain corresponding to a displacement $u \in U$, i.e., we define $K_1 \in \mathcal{L}(U; Y_1)$ by

$$\forall u \in U: \quad (K_1u)_{ij} := \frac{1}{2}(u_{i,j} + u_{j,i}) .$$

Then the compatibility condition of the body reads as follows:

$$\varepsilon = K_1u . \tag{7}$$

If f is an external force acting on the body then in view of the principle of virtual work the condition of quasi-static equilibrium is

$$\forall h \in U: \quad (\sigma, K_1h)_{Y_1} = \langle f, h\rangle$$

(where $\langle .,.\rangle$ denotes the dual pairing of U' and U). Using the operator $K_1^* \in \mathcal{L}(Y_1, U')$ adjoint to K_1 we can write the equilibrium condition as follows:

$$K_1^*\sigma = f . \tag{8}$$

We have to supplement the relations (1), (7), (8) by reasonable initial conditions and regularity requirements. We suppose that we are given

$$f \in H^1(S; U') , \quad u_0 \in U , \quad \varepsilon_0^p \in Y_1 , \quad \sigma_0 \in Y_1 , \quad \theta_0 \in Y_2$$

such that (9)

$$\psi(-\theta_0) < \infty , \quad K_1^*\sigma_0 = f(0) , \quad \sigma_0 - B_1\varepsilon_0^p \in C , \quad \sigma_0 = A_1(K_1u_0 - \varepsilon_0^p) .$$

Remark. The condition $K_1^*\sigma_0 = f(0)$ says that there is equilibrium at the time $t = 0$. The conditions $\sigma_0 - B_1\varepsilon_0^p \in C$, $\psi(-\theta_0) < \infty$ mean that the initial state is accessible for the body under consideration.

We are looking for processes u, ε, ε^e, ε^p, σ, θ, η such that

$$\varepsilon = \varepsilon^e + \varepsilon^p , \quad \sigma = A_1\varepsilon^e - D\eta , \quad \theta = -D^*\varepsilon^e + k\eta ,$$
$$\dot{\varepsilon}^p \in \partial I_C(\sigma - B_1\varepsilon^p) , \quad \dot{\eta} \in \partial\psi(-\theta) , \quad \varepsilon = K_1u , \quad K_1^*\sigma = f , \tag{10}$$
$$(u, \varepsilon^p, \sigma, \theta)(0) = (u_0, \varepsilon_0^p, \sigma_0, \theta_0) ,$$
$$(u, \varepsilon, \varepsilon^e, \varepsilon^p, \sigma, \theta, \eta) \in H^1(S; U \times Y_1^4 \times Y_2^2) .$$

The last relation in (10) guarantees that the initial condition makes sense. In the next section we shall prove that the problem (10) is well posed. By $\mathcal{D}$ we shall denote the set of all data $(f, u_0, \varepsilon_0^p, \sigma_0, \theta_0)$ satisfying (9).

2. Results

Theorem. *Suppose that (2)–(6) hold. Then to given data satisfying (9) there is associated a unique thermoplastic process, i.e., the problem (10) has a unique solution. This solution depends continuously on the data; more precisely, the mapping $(f, u_0, \varepsilon_0^p, \sigma_0, \theta_0) \mapsto (u, \varepsilon, \varepsilon^e, \varepsilon^p, \sigma, \theta, \eta)$ is Lipschitzian from $\mathcal{D}$ (equipped with the metric of $W^{1,1}(S; U') \times U \times Y_1^2 \times Y_2$) into $C(S; U \times Y_1^4 \times Y_2^2)$.*

Proof. Let $Y := Y_1 \times Y_2$. The elements of Y are to be seen as generalized deformations or generalized stresses. We introduce new unknown functions y, e, p and z by

$$y := (\varepsilon, 0) , \quad e := (\varepsilon^e, -\eta) , \quad p := (\varepsilon^p, \eta) , \quad z := (\sigma, -\theta) .$$

It is from this moment that we look at η and θ as to internal state variables. More precisely, we consider η as an "internal strain" and θ as an "internal stress". We define $K \in \mathcal{L}(U; Y)$, $A, B \in \mathcal{L}(Y; Y)$ and $\varphi : Y \to]-\infty, +\infty]$ by

$$\forall u \in U: \quad Ku := (K_1u, 0) ,$$
$$\forall y = (y_1, y_2) \in Y: \quad Ay := (A_1y_1 + Dy_2, D^*y_1 + ky_2) ,$$
$$By := (B_1y_1, 0) ,$$
$$\varphi(y) := I_C(y_1) + \psi(y_2) .$$

Then we can write problem (10) as follows:

$$y = e + p , \quad z = Ae ,$$
$$\dot{p} \in \partial\varphi(z - Bp) , \quad y = Ku , \quad K^*z = f , \tag{11}$$
$$(u, p, z)(0) = (u_0, p_0, z_0) , \qquad (u, y, e, p, z) \in H^1(S; U \times Y^4)$$

where

$$p_0 := \left(\varepsilon_0^p , \frac{1}{k}\left(\theta_0 + D^*(K_1u_0 - \varepsilon_0^p)\right)\right) , \qquad z_0 := (\sigma_0, -\theta_0) .$$

Problems of type (11) were investigated by GRÖGER [3] in connection with deformation processes in which thermic effects do not play any role. We want to show that we are allowed to use the results of Section 4 of the paper just quoted. In that section it was assumed that

$K^*AK \in \mathcal{L}(U; U')$ is positive definite, (12)

$B \in \mathcal{L}(Y; Y)$ is positive definite. (13)

As we shall see in the case considered here (12) is satisfied but (13) is not. An inspection of the proofs carried out in Section 4 of [3] shows that it was not needed the assumption (13) but the weaker assumption

$PA + B \in \mathcal{L}(Y; Y)$ is positive definite (14)

where $P \in \mathcal{L}(Y; Y)$ is defined by

$$Py := y - AK(K^*AK)^{-1} K^*y .$$

We will now prove that (12) and (14) hold for the problem under consideration.

By definition of K and A we have for every $u \in U$

$$\langle K^*AKu, u\rangle = (AKu, Ku)_Y = (A_1K_1u, K_1u)_{Y_1}$$
$$\geq m_0 \|K_1u\|_{Y_1}^2 \geq m_1 \|u\|_U^2 \quad \text{where } m_0 > 0, m_1 > 0.$$

The last relations are a consequence of assumption (2) and of KORN's inequality (cf. HLAVÁČEK-NEČAS [6]). Thus (12) is proved.

Let $y = (y_1, y_2) \in Y$ be arbitrarily fixed. In view of (12) we can define $v \in U$ by $v := (K^*AK)^{-1} K^*Ay$. Using the relation $K^*A(y - Kv) = 0$ and the fact that A and B_1 are positive definite (cf. (6), (2)) we find

$$((PA + B)\,y, y)_Y = (Ay - AK(K^*AK)^{-1} K^*Ay + By, y)_Y$$
$$= (A(y - Kv) + By, y)_Y = (A(y - Kv), y - Kv)_Y + (B_1y_1, y_1)_{Y_1}$$
$$\geqq c_0(\|y - Kv\|_Y^2 + \|y_1\|_{Y_1}^2) \geqq c_0(\|y_1 - K_1v\|_{U_1}^2 + \|y_2\|_{Y_2}^2 + \|y_1\|_{Y_1}^2)$$
$$\geqq c_0\,\|y\|_Y^2\,, \qquad c_0 > 0\,.$$

Thus $PA + B \in \mathcal{L}(Y; Y)$ is positive definite.

Furthermore, it is easy to check that the assumptions formulated in [3], (2.13) are satisfied in the case considered here. Hence our theorem follows from Theorem 4.1 in [3].

Remarks

1. As mentioned already in the introduction we have restricted ourselves to materials with purely kinematic hardening only for the sake of simplicity. It is possible to treat in the same way materials with more general hardening properties. Similarly, the requirement that the deformation process should be quasi-static is not essential (cf. the results on dynamic processes in [3]).

2. It is possible to treat more general types of interaction of the mechanical and the entropy transport process. In particular, one can replace the mapping $y \to By = (B_1y_1, 0)$ used in our model by any symmetric positive definite operator $B \in \mathcal{L}(Y; Y)$.

3. Our result $\theta \in H^1(S; L^2(G))$ is rather poor. This is due to the fact that so far we did use only that the functional ψ characterizing the entropy transport is proper, convex and lower semicontinuous on $L^2(G)$. However, from (10) and the theorem it follows by standard arguments that $\psi(-\theta(.)) \in C(S)$. If ψ is choosen as in the example given in Section 1 then this result along with $\theta \in H^1(S; L^2(G))$ implies that $\theta \in C(S; H^1(G))$.

4. GRÖGER [3] proved the convergence of an implicit difference scheme with respect to time for the initial value problems he studied. A more detailed investigation of numerical methods for these problems can be found in HÜNLICH [7], [8]. His results can be carried over to the problems considered in this paper. Thus, from the description of thermoplastic processes used here one is led in a natural way to mathematically founded numerical methods.

References

1 BRÉZIS, H., Opérateurs maximaux monotones et semi-groupes de contractions dans les espaces de HILBERT, North Holland Math. Studies 5 (1973).
2 DUVANT, G.; LIONS, J. L., Inéquations en thermoélasticité et magnétohydrodynamique, Arch. Rat. Mech. Anal 46, 241 – 279 (1972)
3 GRÖGER, K., Initial value problems for elastoplastic and elastoviscoplastic systems, Proceedings of a Summer School on Nonlinear Analysis, Function spaces and Applications (Horní Bradlo 1978), Teubner-Texte zur Mathematik, 1979.
4 –, Evolutionsgleichungen in der Plastizitätstheorie, 7. Tagung über Probleme und Methoden der mathematischen Physik, TH Karl-Marx-Stadt, Tagungsberichte 1979
5 HALPHEN, B., NGUYEN, Q. S., Sur les matériaux standards généralisés, J. Mecanique 14, 39 – 63 (1975).
6 HLAVÁČEK, I.; NEČAS, J., On inequalities of KORN's type (I, II), Arch Rat. Mech. Anal. 36, 305 – 311, 312 – 334 (1970).
7 HÜNLICH, R., Quasistatische Anfangsrandwertprobleme für elastisch-plastische Materialien mit linearer Verfestigung, AdW der DDR, Zentralinstitut für Mathematik und Mechanik, Report R-02/79.
8 –, On simultaneous torsion and tension of a circular cylindrical bar consisting of an elastoplastic material with linear hardening, ZAMM 58, 509 – 516 (1979).
9 NEČAS, J., TRÁVNÍČEK, L., Evolutionary variational inequalities and applications in the plasticity, Aplikace Matematiki, to appear
10 NGUYEN, Q. S., Matériau élastoplastique écrouissable, Distribution de la contrainte dans uné évolution quasi-statique, Arch. Mechanics 25, 695 – 702 (1973).

Eingereicht am 30. 5. 1979

Anschrift: Dr. KONRAD GRÖGER, Dr. R. Hünlich, Zentralinstitut für Mathematik und Mechanik der Akademie der Wissenschaften der DDR, DDR-1080 Berlin, Mohrenstraße 39, DDR

ZAMM 60, 171 – 173 (1980)

S. FALK

Der Satz von Krylov-Bogoljubov für parameternormale Matrizentupel

1. Voraussetzungen

Vorgelegt sei die Matrizen-Eigenwertgleichung

$$\boldsymbol{P}(\lambda)\boldsymbol{x} := (\boldsymbol{B}\lambda^{\varrho} + \boldsymbol{A}_\sigma\lambda^{\alpha_\sigma} \dots + \boldsymbol{A}_2\lambda^{\alpha_2} + \boldsymbol{A}_1\lambda^{\alpha_1})\,\boldsymbol{x} = \boldsymbol{o}\,, \tag{1.1}$$

wo die Potenzen des Parameters λ in absteigender Folge geordnet sind

$$\varrho > \alpha_\sigma \dots > \alpha_2 > \alpha_1 \geqq 0\,. \tag{1.2}$$

Alle Matrizen sind quadratisch von der Ordnung n, die führende Matrix $\boldsymbol{B}$ sei HERMITEsch und positiv definit

$$\boldsymbol{B}^* = \boldsymbol{B} \text{ pos. def.}\,, \tag{1.3}$$

für die übrigen Matrizen gelten die Normalitätsbedingungen

$$\boldsymbol{A}_\nu^*\boldsymbol{B}^{-1}\boldsymbol{A}_\nu = \boldsymbol{A}_\nu\boldsymbol{B}^{-1}\boldsymbol{A}_\nu^*\,; \qquad \nu = 1, 2, \dots, \sigma\,, \tag{1.4}$$

sowie die Vertauschbarkeitsbedingungen

$$\boldsymbol{A}_\nu^*\boldsymbol{B}^{-1}\boldsymbol{A}_\mu = \boldsymbol{A}_\mu\boldsymbol{B}^{-1}\boldsymbol{A}_\nu^*\,; \qquad \nu, \mu = 1, 2, \dots, \sigma; \qquad \mu \neq \nu\,. \tag{1.5}$$

Von diesen $\sigma(\sigma - 1)$ Bedingungen ist jedoch nur die Hälfet wesentlich; denn transponiert man die Gleichungen (1.5) und geht zum konjugiert Komplexen über, so vertauschen sich lediglich die Zeiger ν und μ; man kann sich daher bei der Nachprüfung auf $\nu < \mu$ beschränken. Ein Matrizentupel $\{\boldsymbol{B}, \boldsymbol{A}_\sigma, \dots, \boldsymbol{A}_2, \boldsymbol{A}_1\}$, welches die Bedingungen (1.3) bis (1.5) erfüllt, heißt nach [2] *parameternormal*; es gibt dann eine $\boldsymbol{B}$-unitäre Basis von Eigenvektoren

$$\boldsymbol{U} = (\boldsymbol{u}_1, \boldsymbol{u}_2, \dots, \boldsymbol{u}_n)\,; \qquad \boldsymbol{U}^*\boldsymbol{B}\boldsymbol{U} = \boldsymbol{I}\,, \tag{1.6}$$

mit deren Hilfe sich die Polynommatrix $\boldsymbol{P}(\lambda)$ auf Diagonalform transformieren läßt

$$\boldsymbol{U}^*\boldsymbol{P}(\lambda)\,\boldsymbol{U} = \operatorname{diag}\langle\boldsymbol{u}_j^*\boldsymbol{P}(\lambda)\,\boldsymbol{u}_j\rangle = \operatorname{diag}\langle p_j(\lambda)\rangle\,; \qquad j = 1, 2, \dots, n\,, \tag{1.7}$$

mit den sogenannten *Eigenpolynomen*

$$p_j(\lambda) = \lambda^{\varrho} + a_{\sigma j}\,\lambda^{\alpha_\sigma} + \dots + a_{2j}\lambda^{\alpha_2} + a_{1j}\lambda^{\alpha_1}\,; \quad j = 1, 2, \dots, n\,, \tag{1.8}$$

deren Koeffizienten die HERMITEschen Formen

$$a_{\nu j} := \boldsymbol{u}_j^*\boldsymbol{A}_\nu\boldsymbol{u}_j\,; \qquad j = 1, 2, \dots, n; \qquad \nu = 1, 2, \dots, \sigma \tag{1.9}$$

sind.

Sind insbesondere die Matrizen $\boldsymbol{A}_\nu$ HERMITEsch, so werden die Normalitätsbedingungen (1.4) von selbst erfüllt, und die Bedingungen (1.5) lassen sich jetzt so schreiben:

$$\boldsymbol{A}_\nu^*\boldsymbol{B}^{-1}\boldsymbol{A}_\mu = (\boldsymbol{A}_\nu\boldsymbol{B}^{-1}\boldsymbol{A}_\mu)^*\,; \quad \nu, \mu = 1, 2, \dots, \sigma; \quad \nu \neq \mu\,. \tag{1.10}$$

Es braucht somit nur noch verlangt zu werden, daß diese dreifachen Produkte ihrerseits HERMITEsch sind.

2. Der Defektvektor und sein Betragsquadrat

Setzt man in (1.1) einen beliebigen Parameterwert Λ und einen beliebigen Vektor $\boldsymbol{z}$ ein, so entsteht der *Defekt*

$$\boldsymbol{d} := \boldsymbol{P}(\Lambda)\,\boldsymbol{z}\,, \tag{2.1}$$

aus dem sich die Größe

$$\delta^2 := \frac{\boldsymbol{d}^*\boldsymbol{B}^{-1}\boldsymbol{d}}{\boldsymbol{z}^*\boldsymbol{B}\boldsymbol{z}} = \frac{\boldsymbol{z}^*\boldsymbol{P}^*\boldsymbol{B}^{-1}\boldsymbol{P}\boldsymbol{z}}{\boldsymbol{z}^*\boldsymbol{B}\boldsymbol{z}} \geqq 0 \tag{2.2}$$

berechnen läßt, und dies ist nichts anderes als der RAYLEIGH-Quotient des Matrizenpaares $\boldsymbol{H}; \boldsymbol{B}$ mit der HERMITEschen und positiv (halb-)definiten Matrix

$$\boldsymbol{H} := \boldsymbol{P}^*(\Lambda)\,\boldsymbol{B}^{-1}\boldsymbol{P}(\Lambda)\,. \tag{2.3}$$

Der RAYLEIGH-Quotient (2.2) muß somit innerhalb des von $\hat{\delta}^2 := \delta^2_{\min}$ und $\delta^2_{\max}$ begrenzten Wertebereiches W liegen, so daß die Ungleichung gilt

$$|\hat{\delta}|^2 \leqq \delta^2\,, \qquad |\hat{\delta}| \leqq +\sqrt{\delta^2}\,. \tag{2.4}$$

Da nun das Paar $\boldsymbol{P}; \boldsymbol{B}$ für jeden Wert von λ normal bezüglich $\boldsymbol{B}$ ist, sind die „Eigenwerte" des Paares $\boldsymbol{H}; \boldsymbol{B}$ die Betragsquadrate

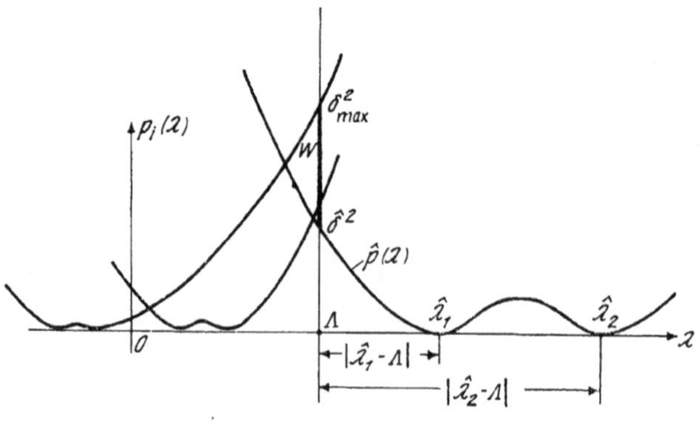

Bild 1 Der Wertebereich W des Defektquadrates für einen beliebigen Parameterwert Λ für $n = 3$ und $\varrho = 2$

der „Eigenwerte" des Paares $\boldsymbol{P}$; $\boldsymbol{B}$, und dieses sind die Eigenpolynome (1.8); somit folgt aus (2.4)

$$|\hat{p}(\Lambda)| \leqq \delta\,, \tag{2.5}$$

siehe dazu Bild 1 für $n = 3$, $\varrho = 2$ und alles im Reellen.

Denken wir uns nun die linke Seite von (2.5) faktorisiert, so wird zunächst

$$|\hat{p}(\Lambda)| = \prod_{\nu=1}^{\varrho} |\hat{\lambda}_\nu - \Lambda| \leqq \delta\,, \tag{2.6}$$

und wenn wir auf beiden Seiten die ϱ-te Wurzel ziehen und beachten, daß das geometrische Mittel aus ϱ nichtnegativen reellen Zahlen nicht größer sein kann als die kleinste von ihnen, so haben wir schon als Verallgemeinerung des Satzes von KRYLOV-BOGOLJUBOV [1] den Einschließungssatz

$$|\hat{\lambda} - \Lambda|_{\min} \leqq \delta^{1/\varrho} = r\,. \tag{2.7}$$

Er besagt in Worten: *der Kreis um den beliebigen Wert Λ der komplexen Zahlenebene mit dem Radius r enthält mindestens einen Eigenwert des Eigenpolynoms $\hat{p}(\lambda)$ und damit einen Eigenwert der gestellten Aufgabe* (1.1).

3. Die optimale Wahl von Λ

Hat man einen Näherungsvektor $\boldsymbol{z}$ gewählt, so gilt der Satz (2.7) für jeden beliebigen Parameterwert Λ, und man kann fragen, für welche Werte der Einschließungsradius r minimal wird. Dies trifft, wie in [2] gezeigt wurde, zu, wenn der Defektvektor $\boldsymbol{d}$ auf dem Näherungsvektor $\boldsymbol{z}$ senkrecht steht, wenn also gilt

$$\boldsymbol{z}^*\boldsymbol{P}(\Lambda)\,\boldsymbol{z} = \boldsymbol{z}^*\boldsymbol{d} = 0\,, \tag{3.1}$$

und das gibt nach (1.1) die Polynomgleichung

$$B\Lambda^\varrho + A_\sigma\Lambda^{\alpha_\sigma} + \ldots + A_2\Lambda^{\alpha_2} + A_1\Lambda^{\alpha_1} = 0 \tag{3.2}$$

mit den HERMITEschen Formen

$$B := \boldsymbol{z}^*\boldsymbol{B}\boldsymbol{z} > 0\,; \qquad A_\nu := \boldsymbol{z}^*\boldsymbol{A}_\nu\boldsymbol{z}\,; \qquad \nu = 1, 2, \ldots, \sigma\,, \tag{3.3}$$

wo nach Voraussetzung (1.3) B reell und positiv, die Zahlen A_ν jedoch beliebig komplex ausfallen können. Zu jeder der ϱ Wurzeln der Gleichung (3.2) läßt sich mit $\boldsymbol{z}$ zusammen der Defektvektor (2.1) und damit über (2.2) der nun minimale Radius r aus (2.7) berechnen.

Wie schon vom Originalsatz für $\varrho = 1$ bekannt, sind im allgemeinen die Radien r sehr groß und überschätzen den Minimalabstand erheblich, wenn der Vektor $\boldsymbol{z}$ nicht sehr nahe bei einem Eigenvektor liegt. Praktisch brauchbar wird der Satz daher erst dann, wenn eine benachbarte Aufgabe der Art (1.1) exakt oder genähert gelöst wurde — wobei diese selbst keine der Bedingungen (1.3) bis (1.5) zu erfüllen braucht! — und die Eigenvektoren der benachbarten Aufgabe als Näherungsvektoren $\boldsymbol{z}_j$ der vorgelegten Aufgabe benutzt werden.

Wenn insbesondere in allen Matrizen die Hauptdiagonalelemente stark überwiegen, so sind die n Einheitsvektoren gute Näherungen; hiervon macht man mit Vorteil Gebrauch bei der simultanen JAKOBI-Rotation nach [3], bei der meist schon nach wenigen Touren die Außenelemente in sämtlichen Matrizen genügend klein sind, um brauchbare Einschließungen nach (2.7) zu liefern.

4. Ein Zahlenbeispiel

Vorgelegt sei die Aufgabe

$$(\boldsymbol{B}\lambda^3 + \boldsymbol{A}_2\lambda + \boldsymbol{A}_1)\,\boldsymbol{x} = \boldsymbol{o}\,; \qquad \varrho = 3\,, \quad \alpha_2 = 1\,, \quad \alpha_1 = 0 \tag{4.1}$$

mit den drei Matrizen

$$\boldsymbol{B} = \begin{pmatrix} 10 & 0{,}1 & 0 \\ 0{,}1 & 10 & 0 \\ 0 & 0 & 20 \end{pmatrix}, \quad \boldsymbol{A}_2 = \begin{pmatrix} 15 & 0{,}1 & -0{,}05 \\ 0{,}1 & 14 & 0 \\ -0{,}05 & 0 & 24 \end{pmatrix},$$

$$\boldsymbol{A}_1 = \begin{pmatrix} 10 & 0 & -0{,}1 \\ 0 & 8 & 0 \\ -0{,}1 & 0 & 8 \end{pmatrix}. \tag{4.2}$$

Alle drei Matrizen sind reellsymmetrisch und damit HERMITEsch, $\boldsymbol{B}$ ist überdies positiv definit. Man prüft leicht nach, daß das Produkt $\boldsymbol{A}_2\boldsymbol{B}^{-1}\boldsymbol{A}_1$ reellsymmetrisch und damit HERMITEsch ist, so daß das Matrizentupel $\{\boldsymbol{B}, \boldsymbol{A}_2, \boldsymbol{A}_1\}$ parameternormal bezüglich $\boldsymbol{B}$ ist.

Da in allen drei Matrizen die Hauptdiagonalelemente stark überwiegen, sind die Einheitsvektoren $\boldsymbol{e}_j$ gute Näherungen. Aus den damit nach (3.2) und (3.3) berechneten kubischen Gleichungen gewinnt man jeweils drei Näherungswerte Λ_i, denen in Tabelle (4.3) zum Vergleich die genauen Eigenwerte gegenübergestellt sind, siehe Spalten 1) bis 4). Mit den aufgerundeten Werten von Spalte 5) werden nun mittels der Näherungsvektoren $\boldsymbol{e}_j$ die Defekte nach (2.1), daraus die Größen (2.2) und schließlich die Einschließungsradien (2.7) berechnet, siehe auch Bild 2.

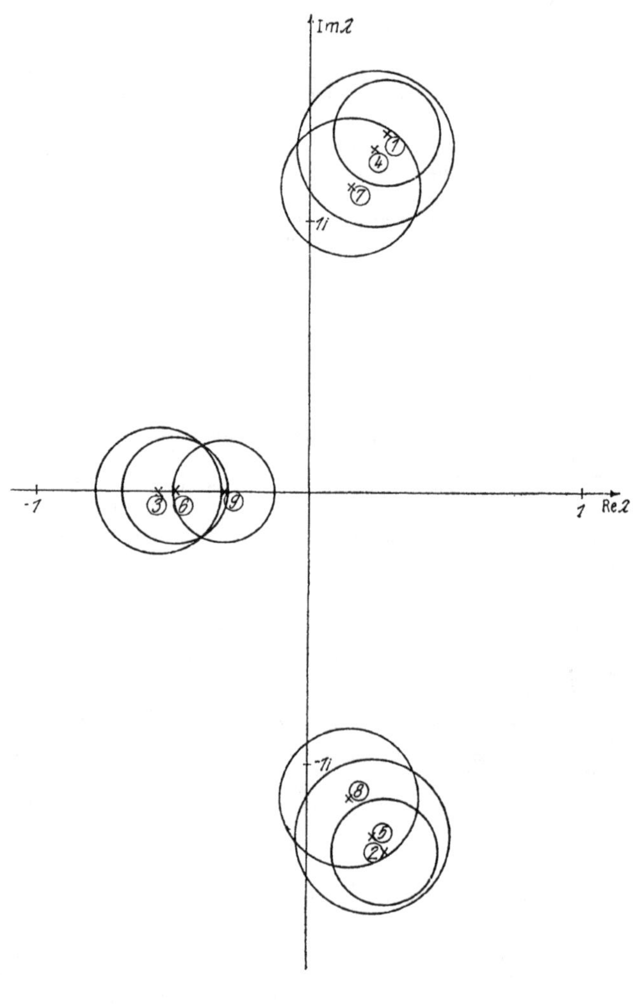

Bild 2. Einschließungskreise für das Zahlenbeispiel

1) Gruppe	2) Gleichung	3) Λ_i	4) λ_i	5) $\tilde{\Lambda}_i$	6) $r_i = \delta_i^{1/3}$	7) i
I		0,276787 + 1,315231 i	0,276874 + 1,315397 i	0,28 + 1,32 i	0,206	1
$z = e_1$	$10\Lambda^3 + 15\Lambda + 10 = 0$	0,276787 − 1,315231 i	0,276874 − 1,315397 i	0,28 − 1,32 i	0,206	2
		−0,553574	−0,553748	−0,55	0,233	3
II		0,244138 + 1,256507 i	0,244081 + 1,256411 i	0,24 + 1,26 i	0,284	4
$z = e_2$	$10\Lambda^3 + 14\Lambda + 8 = 0$	0,244138 − 1,256507 i	0,244081 − 1,256411 i	0,24 − 1,26 i	0,284	5
		−0,488277	−0,488163	−0,49	0,195	6
III		0,154398 + 1,127615 i	0,154374 + 1,127587 i	0,15 + 1,13 i	0,256	7
$z = e_3$	$20\Lambda^3 + 24\Lambda + 8 = 0$	0,154398 − 1,127615 i	0,154374 − 1,127587 i	0,15 − 1,13 i	0,256	8
		−0,308796	−0,308748	−0,31	0,185	9

(4.3)

5. Literatur

1 KRYLOV, BOGOLJUBOV, Bull Aca. Sci. URSS, Classe phys. math. Leningrad 1929.

2 FALK, S., Bemerkungen über parameternormale Matrizen und Matrizentupel, Abh. Braunschweigischen wiss. Ges. (im Druck)

3 FALK, S., Simultane JAKOBI-Rotation parameternormaler Matrizentupel (in Vorbereitung).

Anschrift: Prof. Dr.-Ing. S. FALK, Mechanik-Zentrum der Technischen Universität D 3300 Braunschweig, BRD.

Berichtigung und Ergänzung zur vorstehenden Arbeit und zur Arbeit „Matrizenausgleich nach der Fehlerquadratmethode und eine Anwendung auf gedämpfte Schwingungen“, ZAMM 59 329–331 (1979) von S. FALK

In der Arbeit [2] sind in Formel (28) die beiden Sterne fortzunehmen; die Vertauschbarkeitsbedingung muß also richtig heißen

$$DM^{-1}C = CM^{-1}D; \det M = 0\,. \tag{1}$$

Ist diese Bedingung erfüllt und sind außerdem die Matizenpaare $D;M$ und $C;M$ diagonalähnlich, so lassen sich beide Paare simultan auf Diagonalform ähnlich transformieren.

Bei dieser Gelegenheit sei noch ergänzend folgendes bemerkt: ist die Matrix M nicht nur regulär, wie in (1) vorausgesetzt, sondern HERMITEsch und positiv definit

$$M^* = M \text{ pos. def.} \tag{2}$$

und gilt die Vertauschbarkeitsbedingung

$$D^*M^{-1}C = CM^{-1}D^*\,, \tag{3}$$

oder in ihrer konjugiert-transponierten Form

$$C^*M^{-1}D = DM^{-1}C^*\,, \tag{4}$$

so lassen sich die Matrizenpaare $C;M$ und $D;M$ simultan kongruent auf Diagonalform transformieren mit einer M-unitären Modalmatrix X der Eigenvektoren.

Setzt man insbesondere in der Vertauschbarkeitsbedingung (1) $C = D$, so entsteht lediglich eine nichtssagende Trivialität; dagegen gehen (2) bis (4) in die Normalitätsbedingung

$$C^*M^{-1}C = CM^{-1}C^*; \; M^* = M \text{ pos. def.} \tag{5}$$

über, wie zum ersten Mal in [1] gezeigt wurde. Eine Anwendung der Bedingungen (2) bis (4) findet sich in der vorstehenden Arbeit.

Literatur

1 FALK, S. Einschließungssätze für Eigenwerte und -vektoren normaler Matrizenpaare. Wissenschaftliche Zeitschrift der Technischen Universität Dresden, **10** (1961), Heft 5, Seite 1033–1039.

2 FALK, S., Matrizenausgleich nach der Fehlerquadratmethode und eine Anwendung auf gedämpfte Schwingungen. ZAMM **59**, S. 329–331 (1979).

Eingereicht 24. 10. 1979

Anschrift: Prof. Dr. Ing. S. FALK, Lehrstuhl für Mechanik und Festigkeitslehre der Technischen Universität Braunschweig, Postfach 3329, D-3300 Braunschweig, BRD

BUCHBESPRECHUNGEN

Lichtenheldt, W. / Luck, K., Konstruktionslehre der Getriebe. 5. bearb. u. erw. Aufl. Berlin, Akademie-Verlag 1979. XII, 354 S., 566 Abb. u. Konstr.-Taf., 1 Tab., 23,– M. Best.-Nr. 7626094 (5410)

Das bewährte Lehrbuch liegt nun in der 5. Aufl. vor und wurde gegenüber der 4. Aufl. wesentlich verbessert und erweitert. Viele aus der vorherigen Auflage übernommenen Teile — sie enthalten den klassischen Stoff der Getriebelehre, vgl. auch die Besprechung i. d. ZAMM **45**, 570 (1965) — wurden gründlich überarbeitet und durch verbessertes bzw. erweitertes Bildmaterial ergänzt. Neu aufgenommen wurden die in den letzten Jahren entwickelten analytischen Methoden zur Synthese ebener Getriebe bzw. zur Analyse und Synthese räumlicher Koppelgetriebe sowie eine ausführliche Darstellung von Zweiräderkoppelgetrieben. Damit wird dem Leser ein Zugang zu dem höchst aktuellen Gebiet der computerorientierten Getriebetechnik eröffnet. Vielleicht hätte dieser Teil sogar noch breiter angelegt werden können. Ebenfalls überarbeitet und z. T. ergänzt wurde das gute Aufgabenmaterial im Anhang. Ein umfangreiches — in der neueren Literatur vielleicht nicht ganz ausgewogenes — Literaturverzeichnis ergänzt das Werk und eröffnet den Weg zu weiteren Studien. Insgesamt gesehen, hat das Werk durch seine Überarbeitung gewonnen, positiv wirkt sich auch die verbesserte drucktechnische Gestaltung des Buches aus. Es kann dem Studenten als Lehrbuch aber auch dem in der Praxis arbeitenden Ingenieur als Nachschlagewerk wärmstens empfohlen werden.

Darmstadt J. HOSCHEK

Pietraszkiewicz, W., Finite Rotations and Lagrangean Description in the Nonlinear Theory of Shells. Polish Academy of Sciences, Institute of Fluid-Flow-Machinery. Warszawa-Poznań, Polish Scientific Publishers 1979. 103 S., zł 40,00. ISBN 83-01-01441-5

Seit ca. einem Jahrzehnt hat die lineare Theorie elastischer Schalen eine allseits akzeptierte Form gefunden; dieses Urteil gilt nicht für geometrisch oder physikalisch nichtlineare Theorien. Bei ihnen sind — trotz vieler Einzelveröffentlichungen — noch beträchtliche Kenntnislücken zu verzeichnen und zwar sowohl hinsichtlich ihres grundlegenden mechanischen Verhaltens als auch ihre ingenieurpraktische Anwendung betreffend.
Der vorliegende Forschungsbericht bemüht sich um die grundsätzliche Klärung des Schalentragverhaltens bei großen Verformungen. Daher wird zunächst eine korrekte kinematische Beschreibung der verformten Schale durchgeführt, wobei sowohl eine auf den Ausgangszustand als auch den verformten Endzustand bezogene Darstellung mit ihren Vorzügen und Nachteilen gegenübergestellt werden. Besonders bemerkenswert erscheint die hieraus entstehende vollständige Theorie endlicher Rotationen unter Voraussetzung der KIRCHHOFF-LOVE-Hypothese einschließlich der Definition der Kinematen und verschiedener Randbedingungen. Im weiteren Verlauf werden die Feld- und Elastizitätsgleichungen aus denjenigen eines dreidimensionalen Kontinuums approximiert. Abschließend erfolgt eine systematische Herleitung rechentechnisch notwendiger Vereinfachungen.
Das Buch ist für alle diejenigen Leser von Interesse, die an einer Einbettung nichtlinearer Schalentheorien in moderne Konzepte der Kontinuumsmechanik interessiert sind. Es wäre wünschenswert, wenn die dargelegten Gedanken zu einer energetisch konsistenten nichtlinearen Schalentheorie erweitert würden.

Bochum W. B. KRÄTZIG

Dokumentation Rheologie/Documentation Rheology. Nr. 44. Bundesanstalt für Materialprüfung (BAM, Fachgruppe Rheologie und Tribologie und Deutsche Rheologische Gesellschaft (DRG). Berlin-West, BAM 1978. XV, 626 S., DM 70,–. ISSN 0340-8388

Die Dokumentation Rheologie ist eine umfangreiche Zusammenstellung der auf dem Gebiet der Verformungs- und Fließvorgänge erscheinenden Zeitschriftenaufsätze, Bücher, Dissertationen, Preprints, Bibliographien, Normen, Prüfvorschriften, Firmenschriften u. a.
Der vorliegende Band umfaßt insgesamt 4453 Titel, die nach den Abschnitten Grundlagen der Rheologie und Rheologie der Stoffe (3341 Titel), Rheologie der Verfahrenstechnik (904 Titel), Rheologie der Reibung und Schmierung (172 Titel) sowie Rheologie in Dämpfungs- und Reibungselementen (36 Titel) geordnet sind.
Neben dem Sachregister enthält die Dokumentation ein Register der persönlichen Autoren, ein Register der kooperativen Autoren, ein Report- und Paper-Nummern-Register, ein Normen-Register und ein Konferenz-Register, durch welche das Auffinden bestimmter Titel erleichtert wird.

Berlin W. KAISER

Cornelisse, J. W. / Shoyer, H. F. R. / Wakker, K. F., Rocket Propulsion and Spaceflight. London, Pitman Publishing Ltd. 1979. XXIII, 505 S., £ 30,–. ISBN 0-273-01141-3

Die Autoren wenden sich mit diesem Buch an Ingenieure und Wissenschaftler, die auf den Gebieten der Raumfahrt bzw. der Raketentechnik arbeiten, sowie an Studenten, die diese Fachgebiete studieren. Sie geben einen sehr guten und umfassenden Überblick über den gegenwärtigen Stand der Raketenantriebstechnik, behandeln aber auch mechanische, physikalische und himmelsmechanische Probleme, soweit sie für die Raketenantriebe und die Raumfahrt von Interesse sind. Nach einer kurzen Darstellung der Entwicklung der Raumfahrt und ihrer wesentlichsten technischen Voraussetzung — leistungsfähiger Raketenantriebe im ersten Kapitel werden in den beiden folgenden Kapiteln einige Grundlagen der Astronomie und Geophysik sowie der Mechanik der Teilchen, der Körper und der Flüssigkeiten behandelt. Im vierten Kapitel werden die dynamischen und kinematischen Bewegungsgleichungen der als starrer Körper betrachteten Rakete ausführlich hergeleitet und diskutiert. Das Kernstück des Buches stellen die Kapitel fünf bis zehn dar, in denen die wichtigsten Probleme der Raketenantriebe besprochen werden. Im Mittelpunkt der Betrachtung stehen hierbei die sogenannten chemischen Raketenmotoren, worunter diejenigen Antriebe verstanden werden, die mit flüssigen, festen oder hybriden, d. h. kombinierten flüssigen und festen Brennstoffen arbeiten. Es wird sehr detailliert auf viele technische Probleme, auf den Verbrennungsvorgang und auf die Vorgänge in den Ausströmdüsen, auf die den Raketenmotor charakterisierenden Parameter, aber auch auf die thermochemischen und die Wärmetransportprobleme eingegangen. Die Kapitel elf bis vierzehn sind den Fragen der Bewegung der Rakete im Vakuum und in der Atmosphäre gewidmet. In diese Untersuchungen sind auch die Mehrstufenraketen und die Bahnen ballistischer Flugkörper einbezogen. In den Kapiteln fünfzehn und sechzehn werden die schon klassisch zu nennenden Probleme der Himmelsmechanik, das Mehrkörperproblem bzw. das Zweikörperproblem abgehandelt. Besonders das Zweikörperproblem ist ausführlich dargestellt; auch relativistische Effekte werden besprochen. Die Anwendung des Zwei- und Mehrkörperproblems auf die Berechnung der Bewegungsbahnen von Satelliten und interplanetaren Flugkörpern erfolgt in den Kapiteln siebzehn bis zwanzig. Es werden u. a. der Start von Satelliten, die Berechnung der Störungen von Satellitenbahnen und interplanetare Flugbahnen behandelt. Fünf Tabellen, die wichtige physikalische und astronomische Daten beinhalten, ergänzen den auch in vielen Einzelfragen aufschlußreichen Inhalt des Buches. Die Autoren haben es verstanden, in einer mathematisch exakten verständlichen Darstellung einen ausgezeichneten Überblick über wesentliche Probleme der Raketenantriebe und der Raumflugdynamik zu geben.

Rostock W. STEPHAN

Bottema, O. / Roth, B., Theoretical Kinematics. North-Holland Series in Applied Mathematics and Mechanics 24. Amsterdam-New York-Oxford, North-Holland Publishing Company 1979. XIV, 558 S., 107 Abb., US $ 87,75, Dfl. 180,–. ISBN 0-444-85124-0

Die Autoren haben sich das Ziel gestellt, mit der „theoretischen Kinematik" die Kinematik unabhängig von speziellen Anwendungen, wie z. B. von der Analyse und Synthese von Mechanismen, als eine selbständige Wissenschaft darzustellen. Dieser Verzicht auf die Darstellung von Ingenieurmethoden erlaubt aber eine ausführliche Ableitung und Beschreibung ihrer Grundlagen und kann damit eine wertvolle Hilfe bei der Entwicklung und Beurteilung solcher Methoden sein. Der gewählte Stoff bezieht sich im wesentlichen auf die gegenseitige Bewegung euklidischer Räume, womit ein deutlicher Bezug auf die Starrkörperdynamik gegeben ist. Die Darstellung der Zusammenhänge geschieht in der Hauptsache analytisch, dabei kommt der Leser mit dem mathematischen Rüstzeug aus, das an Hochschulen für naturwissenschaftliche und technische Studienrichtungen geboten wird. Der Text ist übersichtlich gegliedert und verständlich geschrieben.

Magdeburg U. FISCHER

Elk, K. / Gasser, W., Die Methode der Greenschen Funktionen in der Festkörperphysik. Berlin, Akademie-Verlag 1979. 249 S., 22 Abb., 32,– M. Best.-Nr. 7625016 (6454)

Dieses Buch ist ein gelungener Versuch, die für die Beschreibung des Festkörpers wichtige Methode der GREENschen Funktionen umfassend und in einheitlicher Form darzustellen, wobei die theoretischen und methodischen Grundlagen stets im Zusammenhang mit konkreten Anwendungen formuliert werden. Der Hauptteil des Buches ist der Untersuchung verschiedener physikalischer Modelle von Elektronen-, Spin- und Phononensystemen gewidmet. Die abschließenden Kapitel behandeln die Störungstheorie und in Kürze die Anwendungen der GREENschen Funktionen auf den Gebieten der Potentialstreuung und des Kristallpotentials.

Sainte Foy, Quebec N. GASS

Economou, E. N., Green's Functions in Quantum Physics. Springer Series in Solid-State Sciences 7. Berlin-Heidelberg-New York, Springer-Verlag 1979. IX, 251 S., 49 Abb., 2 Tab., DM 44,00, US $ 24,20. ISBN 3-540-09154-8

Die Theorie der GREENschen Funktionen ist im Rahmen der theoretischen Physik, insbesondere der relativistischen Quantenfeldtheorie und der Quantenstatistik, in den letzten Jahrzehnten durch Einführung neuer Konzeptionen ständig weiterentwickelt worden. Unter allgemeinen thermodynamischen GREENschen Funktionen versteht man heute temperaturabhängige Erwartungswerte von Produkten oder (Anti-) Kommutatoren von Operatoren; diese Funktionen spielen eine beherrsehende Rolle sowohl beim Aufbau beispielsweise der modernen Festkörpertheorie als auch bei der Durchrechnung konkreter Probleme.

Das vorliegende Werk gibt eine einführende Übersicht über den gesamten Problemkreis auf mittlerem Niveau (ohne Funktionalanalysis), wobei Ausgangspunkt die klassischen GREENschen Funktionen für Randwert- und Anfangswertprobleme der mathematischen Physik sind. Dadurch wird das Buch, das sich zunächst an Physiker und speziell an Festkörperphysiker wendet, auch für Mathematiker gut lesbar; gewisse einfache Vorkenntnisse in Quantenmechanik und statistischer Physik sind dazu günstig. Die Grundlagen der Theorie werden immer wieder an physikalischen Beispielen erläutert; eine besonders ausführliche Darstellung finden dabei Probleme der Streutheorie und der Theorie von Legierungen. Eingehend wird auch die Störungstheorie für GREENsche Funktionen mit der zugeordneten Graphendarstellung („Diagrammtechnik") abgehandelt. — Das Buch schließt mit einer Übersicht weiterführender Lehrbücher und Originalarbeiten. Es ist als Lehrbuch für Studierende, auch zum Selbststudium, gut geeignet.

Dresden G. VOJTA

Mercier, A. / Treder, H.-J. / Yourgrau, W., On General Relativity. An Analysis of the Fundamentals of the Theory of General Relativity and Gravitation. Berlin, Akademie-Verlag 1979. 154 S., 3 Abb., 22,00 M. Best.-Nr. 762 604 3 (6505)

This well written book presents the fundamentals of General Relativity and Gravitation (GRG) in the light of modern philosophy, especially well pronounced in 2 chapters on the problematics and the future of GRG. The heart of the book discusses the fundamentals of GRG and highlights various cosmological models. Also EINSTEIN's principles of weak and strong equivalence and gravitational waves are treated extensively.

Sainte Foy, Quebec N. GASS

Nöbauer, W. / Timischl, W., Mathematische Modelle in der Biologie. Eine Einführung für Biologen, Mathematiker, Mediziner und Pharmazeuten. Braunschweig-Wiesbaden, Friedr. Vieweg & Sohn 1979, 232 S., 79 Abb., DM 34,00. ISBN 3-528-03068-2

Der Einsatz mathematischer Methoden in der Biologie gewinnt zunehmend an Bedeutung. Es werden sowohl stochastische als auch deterministische Modelle verwendet. Im vorliegenden Buch wird eine Einführung in die wichtigsten Problemstellungen der mathematischen Genetik, der mathematischen Epidemiologie und der mathematischen Ökologie gegeben. Besprochen werden u. a. auch mathematische Modelle für das Pflanzenwachstum und in der Krebsforschung. Falls die biologischen Vorgänge nicht nur in grober Näherung beschrieben werden sollen, können sie im allgemeinen kompliziert werden und die Benutzung elektronischer Rechenanlagen erfordern. — Am Anfang jeden Kapitels wird (für Mathematiker) die dem Modell zugrundeliegende biologische Erscheinung beschrieben und in die biologische Terminologie eingeführt. Bei der Mathematisierung der Modelle werden nur Hilfsmittel etwa im Umfang einer mathematischen Kursvorlesung für Naturwissenschaftler vorausgesetzt. Die wichtigsten mathematischen Begriffe und Methoden werden im Anhang nochmals zusammengestellt. Das gut lesbare Buch kann allen an Biomathematik interessierten Lesern sehr empfohlen werden.

Berlin F. GRUND

Richtmyer, R. D., Principles of Advanced Mathematical Physics. Volume I. Texts and Monographs in Physics. Berlin-Heidelberg-New York, Springer-Verlag 1978. XV, 422 S., 45 Abb., DM 44,00, US $ 24,20. ISBN 3-540-08873-3

Es handelt sich um eine Einführung in die Grundgedanken der mathematischen Physik. Kenntnisse in der linearen Algebra und der Differential und Integralrechnung werden vorausgesetzt. Die ersten fünf Kapitel sind der Theorie des HILBERT-Raumes und den Distributionen gewidmet. Kapitel 6 beschäftigt sich mit der Potentialtheorie. Es folgt in den Kapiteln 7—9 die Theorie der linearen Operatoren im HILBERT-Raum einschließlich der Elemente der Spektraltheorie. Die anschließenden Abschnitte über gewöhnliche und partielle Differentialoperatoren sind deutlich auf die Bedürfnisse der Quantenmechanik abgestimmt. Ein eigenes Kapitel behandelt beschränkte, insbesondere kompakte und HILBERT-SCHMIDT-Operatoren. Die Grundzüge der Wahrscheinlichkeitstheorie werden ebenfalls im Hinblick auf ihre Bedeutung für die Quantenmechanik erörtert. Es folgen Kapitel über Evolutionsgleichungen in Banach-Räumen und über Halbgruppen, in denen u. a. die MAXWELLschen Gleichungen der Elektrodynamik als Motivation dienen. Das letzte (17.) Kapitel geht dann im Zusammenhang mit Problemen der Gasdynamik auf nichtlineare partielle Differentialgleichungen ein.

Das Buch kann verstanden werden als Ausführung des einleitend vom Verfasser ausgesprochenen Anliegens, daß es an den Universitäten und Hochschulen einen eigenen Mathematiklehrgang für Physiker geben sollte. In der Darstellung kommt dies darin zum Ausdruck, daß auf Zusammenhänge mehr Wert gelegt wird als auf Beweise. Beispiele und Übungen geben dem Leser Gelegenheit, mit den Begriffsbildungen vertrauter zu werden.

Berlin J. FÖRSTE

Bishop, A. R. / Schneider, T. (Editors), Solitons and Condensed Matter Physics. Proceedings of the Symposium held in Oxford, June 27—29, 1978. Springer Series in Solid-State Sciences 8. Berlin-Heidelberg-New York, Springer-Verlag 1978. XI, 341 S., 120 Abb., DM 59,—. US $ 32.50.

Der Begriff „Soliton" ist mehrschichtig. Wer ihn einengt im Sinne der inversen Streutheorie, also einer Integrationstheorie für gewisse nichtlineare Evolutionsgleichungen, der findet im vorliegenden Band eine komprimierte historische und methodische Einführung von DODD und BULLOUGH und einen Beitrag über die „zylindrische KORTEWEG-DE-VRIES-Gleichung" von CALOGERO and DEGASPERIS, im übrigen aber diesbezüglich nur sehr wenig.

Der Erfolg des Soliton-Konzepts hat dazu geführt, in allen Zweigen der Physik nach solitonähnlichen, d. h. wesentlich nichtlinearen und lokalen, Anregungen zu suchen und diese systematisch in die Theorie einzubauen. Der Band führt uns vor Augen, wie weit dieser Prozeß in den letzten Jahren in der Festkörperphysik und der Physik der Flüssigkeiten fortgeschritten ist. Der Leser lernt das Soliton, in diesem allgemeineren Sinne, als gleichberechtigte Elementaranregung etwa neben dem Phonon und dem Polariton verstehen und kann den folgerichtigen Einbau dieses Konzepts in die Thermodynamik verfolgen. Das führt zu interessanten Konsequenzen für Phasenübergänge sowie für Transport- und Streuprozesse verschiedener Art. Durch den Nachweis der erwarteten zentralen Komponente im Neutronen-Streuspektrum (STEINER und KJEMS) gewinnen die Solitonen experimentelle Evidenz. SCOTT entwickelt einen Vorschlag zur Verwendung des Fluxons in einer JOSEPHSON-Übertragungsstrecke als Quelle elektromagnetischer Strahlung. Ein für viele Beiträge charakteristisches Merkmal ist die Verwendung von Computer-Simulationsmethoden (insbesondere drei Beiträge von SCHNEIDER und STOLL).

Es ist bemerkenswert, daß dieser aktuelle Band bereits ein halbes Jahr nach dem Symposium erhältlich ist. Der Leser kann sich schwer vorstellen, daß die Stoffülle der vierzig Beiträge in nur drei Tagen angeboten worden ist. Der Band ist lehrreich nicht nur für den Festkörperphysiker, sondern für jeden Physiker oder Mathematiker, der an nichtlinearen Wechselwirkungs- und Ausbreitungsphänomenen interessiert ist.

Berlin H. STEUDEL

Bauer, F. / Betancourt, O. / Garabedian, P., A Computational Method in Plasma Physics. Springer Series in Computational Physics. Berlin-Heidelberg-New York, Springer-Verlag 1978. VIII, 144 S., 22 Abb., DM 32,—. US $ 16.00.

Die vorliegende Publikation bringt einen Report über ein von den Autoren entwickeltes Programm zur Analyse des Gleichgewichts- und Stabilitätsverhaltens eines Plasmas in einer toroidalen Geometrie, wie sie bei der Modellierung von Tokamak- und Stellarator-Fusionsanlagen auftritt. Ausgehend von den magnetohydrodynamischen Gleichungen werden mit Hilfe eines Variationsprinzips die Gleichungen für den Gleichgewichtszustand abgeleitet. Zur Lösung der dann gebildeten Differenzengleichungen wird ein Iterationsverfahren über die Lösung eines hyperbolischen Systems mit künstlichem Zeitparameter begründet. Schließlich werden eine Reihe von Beispielen vorgestellt und mögliche Zusammenhänge des Verhaltens des Lösungsverfahrens mit der Stabilität der Lösung der statischen Gleichungen diskutiert.

Das Buch ist geeignet, anderen mit der gleichen Problematik befaßten Wissenschaftlern als Leitfaden zu dienen. Ob es eine glückliche Entscheidung war, das gesamte Programm über 70 Buchseiten wiederzugeben, erscheint allerdings fraglich. Eine breitere Diskussion der bei der Programmerstellung verfolgten Prinzipien und sicher auch vorhandenen Erfahrungen mit verschiedenen Lösungsansätzen hätte für den Kreis der mit ähnlichen — nicht identischen — Aufgaben befaßten Leser den Wert des Buches sicher erhöhen können.

Berlin G. Lippold

Cabannes, H. / Holt, M. / Rusanov, V. (Hrsg.), Sixth International Conference on Numerical Methods in Fluid Dynamics, Proceedings of the Conference Held in Tbilisi (U.S.S.R.), June 21–24, 1978. Lecture Notes in Physics 90. Berlin-Heidelberg-New York, Springer-Verlag 1979. VIII, 620 S (9 in Französisch), 405 Abb., 11 Tab., DM 54,00. US $ 29,70. ISBN 3-540-09115-7

Der Band enthält 3 Hauptvorträge (invited lectures) und 69 Kurzvorträge (Communications) sowie eine Liste der etwa 250 Teilnehmer mit Anschriften. Die Hauptvorträge sind: K. G. Roesner (Karlsruhe) Numerical Calculations of Hydrodynamic Stability Problems with Time-Dependent Boundary Conditions, A. A. Samarski (Moskau) On Numerical Simulation in Fluid Mechanics, R. Temam (Paris) Some Finite Element Methods in Fluid Flow. Bei den Kurzvorträgen, bei denen natürlicherweise sowjetische Autoren überwiegen, stehen die Differenzen- und Finite-Elemente-Methoden im Vordergrund. Man findet sowohl grundsätzliche Betrachtungen als auch die Lösung konkreter Strömungsprobleme. Ein häufiges Thema bilden Stabilitätsfragen. Was die Gleichungen betrifft, so findet man Gasdynamik im Unter-, Über- und Hyperschallbereich und transsonische Strömungen, die Grenzschichten sind vertreten, die allgemeinen Navier-Stokesschen Gleichungen und verschiedene Turbulenzmodelle.

Insgesamt bietet der vorliegende Band ein eindrucksvolles Bild über eine Vielfalt von Strömungsproblemen, die gegenwärtig numerisch behandelbar sind.

Berlin J. Förste

Müller, U. / Roesner, K. G. / Schmidt, B. (eds.), Recent Developments in Theoretical and Experimental Fluid Mechanics. Compressible and Incompressible Flows. Berlin-Heidelberg-New York, Springer-Verlag 1979. XXVII, 642 S., 380 Abb., DM 88,–, US $ 48,40. ISBN 3-540-09228-5

Der vorgelegte Band wurde zu Ehren des bekannten Strömungsmechanikers Jürgen Zierep aus Anlaß seines 50. Geburtstages zusammengestellt. Die Beiträge zu Problemen kompressibler und inkompressibler Strömungen wurden in 11 Kapiteln geordnet, die schallnahe, Überschall- und Düsenströmungen, Strömungen verdünnter Gase, numerische Methoden der Gasdynamik, Stabilitätsprobleme, Grenzschichten, Freistrahl- und Tragflügelströmungen u. a. umfassen. Von den 83 Gratulanten, unter ihnen namhafte Vertreter des Faches aus aller Welt, wird ein interessanter und lesenswerter Überblick über einige moderne Entwicklungsrichtungen geboten.

Berlin K. Remke

Van Dyke, M., / Wehausen, J. V. / Lumley, J. L. (eds.), Annual Review of Fluid Mechanics. Volume 11, 1979. Palo Alto, Annual Reviews Inc. 1979. US $ 17,50. ISBN 0-8243-0711-9

In der DDR beziehbar im Rahmen des Kontingents.

Wie seine Vorgänger enthält auch dieser 11. Band des Annual Review of Fluid Mechanics Übersichtsartikel namhafter Autoren über verschiedene aktuelle, vornehmlich angewandte Gebiete der strömungsmechanischen Forschung. Vorangestellt ist ein historischer Beitrag von William und Mabel Sears über das Guggenheim Aeronautics Laboratory in Kalifornien unter der Leitung von Theodore von Kármán. Ein großer Teil der 17 Arbeiten hat geophysikalische Bezüge, und die meisten Artikel stehen in einem Zusammenhang mit der Luft-, Raum- oder Seefahrt. Davon ausgenommen sind gewiß die Beiträge über den Luftstrom und die Schallerzeugung in Musikinstrumenten, über Tropfenbildung in einem runden Flüssigkeitsstrahl, der durch Probleme des Tintenstrahldrucks angeregt wurde, und über die Mechanik der tierischen Gelenke. Von grundlegendem Interesse sind die Beiträge über die numerische Behandlung kompressibler zäher Strömungen mit Hilfe von Differenzenverfahren und überTurbulenzmessungen mit dem Laser-Doppler-Anemometer. Es werden folgende Themen behandelt: Modellgleichungen der nichtlinearen Akustik, Kavitation in Lagern, sich selbst aufrechterhaltende Schwingungen von stoßenden freien Scherschichten, Wechselwirkung zwischen Wirbeln, barokline Instabilitäten mit endlicher Amplitude, Grenzschichten an Schiffskörpern, Gravitation bei rotierenden Massen, Nachlaufströmungen in geschichteten Flüssigkeiten, innere Wellen im Ozean, statische und dynamische Kontaktlinien bei der Ausbreitung von Flüssigkeiten auf Körperoberflächen, geostrophische Turbulenz, Ähnlichkeitsgesetze für turbulente Wandströmungen. Man kann sich nur wünschen, daß die Tradition der Annual Reviews of Fluid Mechanics in den kommenden Jahren mit der gleichen thematischen Breite und fachlichen Kompetenz wie bisher fortgesetzt wird.

Berlin J Förste

Albrecht, J. / Collatz, L. (Hrsg.), Numerische Behandlung von Eigenwertaufgaben. Band 2 Tagung a. d. T. U. Clausthal, 18.–20. 5. 78, ISNM Vol. 43 Basel-Boston-Stuttgart, Birkhäuser Verlag 1979. 203 S., sFr 42.–. ISBN 3-7643-1067-7

Der vorliegende Band kann als Fortsetzung des Bandes Nr. 24 in der Serie ISNM des Birkhäuser Verlages (vgl. die Buchbesprechung in ZAMM Band 56 (1976), 392) aufgefaßt werden. Neben 9 Arbeiten aus der BRD enthält er 2 aus der Schweiz, 2 aus der ČSSR und eine aus Italien. Den Schwerpunkt bilden Einschließungssätze für die Eigenwerte selbstadjungierter Operatoren, wobei auch nichtlineare Eigenwertprobleme behandelt werden. Bei positiven Operatoren werden zusätzlich auch Schranken für die Eigenelemente gewonnen. Speziell bei der Einschließung von Matrizeneigenwerten durch Gerschgorinkreise wird ein Zusammenhang zur Einschließung von Polynomnullstellen hergestellt. Als numerische Verfahren zur Berechnung von Matrizeneigenwerten werden ein Diagonaltransformationsverfahren, ein verallgemeinertes QR-Verfahren und insbesondere bei schwach besetzten Matrizen ein Überrelaxationsverfahren empfohlen. Weitere Arbeiten sind der Aufstellung von Bifurkationsdiagrammen, der Anwendung der Singulärwertzerlegung bei der Auflösung von Gleichungssystemen mit stochastisch gestörter rechter Seite, dem inversen Eigenwertproblem bei der schwingenden Seite und dem Stokesschen Eigenwertproblem in der Hydrodynamik gewidmet. Eine Arbeit zur Neutronendiffusion fällt etwas aus dem Rahmen der Thematik. Zahlreiche numerische Beispiele illustrieren die schönen theoretischen Ergebnisse.

Rostock L. Berg

www.ingramcontent.com/pod-product-compliance
Lightning Source LLC
LaVergne TN
LVHW081350011026
849161LV00013BB/3045